JN220796

実例満載

仕事から暮らしまで
便利なExcel書類がすぐにできる！

Excelでできる 定番書類のつくり方

Excel 2013/2010対応

Excel 2013/2010対応

エクセル書類の作例とポイント

Chap1 家庭で使える書類

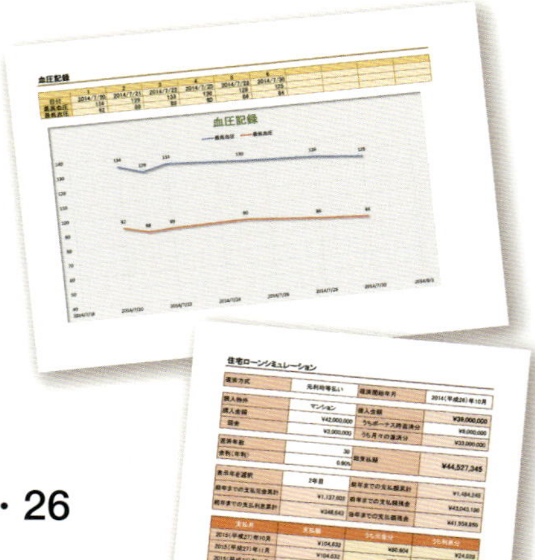

Chap2 オフィスやお店で使える書類

Chap3 職場の事務処理で使える書類

エクセルの基本操作

作例書類のつくり方

エクセル書類の解説とポイントで便利！
本書の使い方

使いたい作例を探す

本書の作例ページは、つくりたい書類や知りたい操作がすぐにわかるようになっています。作例をつくるにあたってのポイントとなる箇所には、該当する操作の手順を掲載しているページ数が表記してあるので、そのページを参照すれば、つくり方がすぐにわかります。

☞ 作例タイトル
つくりたい作例がすぐに見つかるように、具体的なタイトルを付けています。

☞ 作例のファイル名
作例ページで紹介している書類は、すべて付属CD-ROMに収録しています。

☞ やってみよう
作例で使用している重要な機能です。右側ページで解説しています。

☞ やってみよう操作解説
左ページの「やってみよう」の操作解説です。

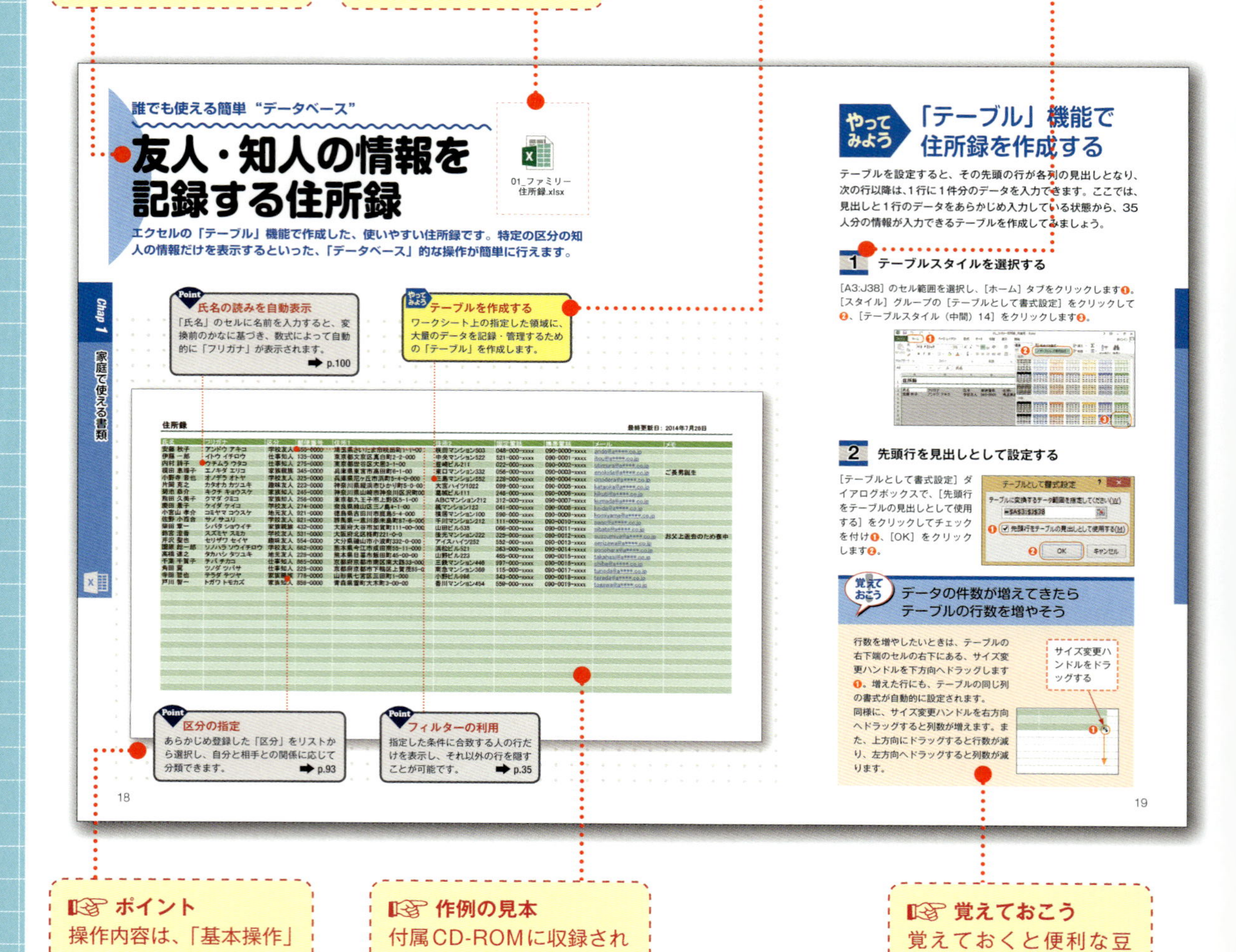

☞ ポイント
操作内容は、「基本操作」と「作例書類のつくり方」で説明しています。

☞ 作例の見本
付属CD-ROMに収録されている作例の見本です。

☞ 覚えておこう
覚えておくと便利な豆知識を掲載しています。

基本操作と作例のつくり方を知る

基本的な操作や機能を解説する「エクセルの基本操作」と、収録されている作例のつくり方を細かく解説する「作例書類のつくり方」で実際の書類がつくれます。

☞ 項目
操作内容、種類がひと目でわかるようになっています。各項目に番号が付いているので、参照するときに便利です。

☞ 作例参照ページ
その操作を使用している作例を紹介しています（すべてではありません）。

本書の作例を作成するうえで覚えておくと便利な、エクセルの基本的な操作について解説します。これらの操作をマスターしておけば、本書の作例だけでなく、さまざまな書類の作成に役立ちます。

01 セルの操作 セル範囲のデータを移動する

セル範囲のデータを他の場所に移動する方法を解説します。［切り取り］や［貼り付け］の操作でも可能ですが、「ドラッグアンドドロップ」の機能を使うほうが簡単です。

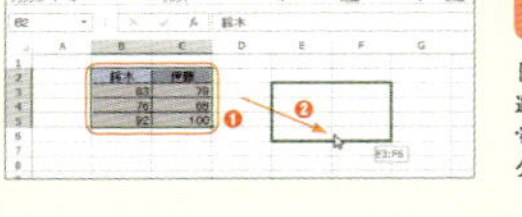

1 選択範囲をドラッグする

［B2:C5］のセル範囲をドラッグして選択します❶。選択範囲の枠の部分にマウスポインターを合わせ、の形になったら、［E3:F6］のセル範囲までドラッグして、マウスのボタンを離します❷。

2 セル範囲のデータが移動した

［B2:C5］のセル範囲のデータが［E3:F6］のセル範囲へ移動しました。

ワンポイント・アドバイス
Ctrl キーを押しながらこの「ドラッグアンドドロップ」の操作を行うと、元の位置にデータを残したまま、ドラッグした先の位置にセル範囲のデータをコピーできます。

81

☞ 操作解説
エクセル2013をベースにした解説です。本文と画面上の番号を対応させ、操作する位置がわかるようにしています。

☞ 操作画面
実際に操作するときのパソコンの画面です（パソコンの設定によって、画面が異なる場合があります）。

作例書類のつくり方

本書の作例をつくるための、より実践的なエクセルの操作について解説します。応用できる場面の多い機能ばかりなので、覚えておくと、本書の作例以外にもさまざまな書類の作成に役立ちます。

01 セル内に簡易グラフを表示する

「条件付き書式」では、通常の書式では設定できないビジュアルな効果を、セル上で表現することが可能です。ここでは、データを簡易グラフとして表す「データバー」を利用します。

既存のデータバーを設定する

1 既存のデータバーのスタイルを選ぶ

「集計」シートを表示し、［E9:E27］のセル範囲をドラッグして選択し❶、［ホーム］タブをクリックします❷。［スタイル］グループの［条件付き書式］をクリックし❸、［データバー］から［塗りつぶし（単色）］の［赤のデータバー］をクリックします❹。

2 データバーが設定された

選択したセル範囲内における、各セルの相対的な量を表すデータバーが表示されます。

［E9:E27］の各セルには、各支出金額の全支出額に対する割合を求める数式が入力されています。

108

☞ メモやワンポイントアドバイス
項目の補足事項や覚えておくと便利な豆知識などを掲載しています。

作例のファイルをパソコンにコピーして使おう！

CD-ROMの使い方

CD-ROMの収録内容を確認する

収録データは、エクセルに取り込んで自由にご利用いただけます。なお、CD-ROMから直に読み込んだデータを変更して保存する場合には、そのままでは上書き保存ができません。保存場所を変えて保存してください（p.9参照）。

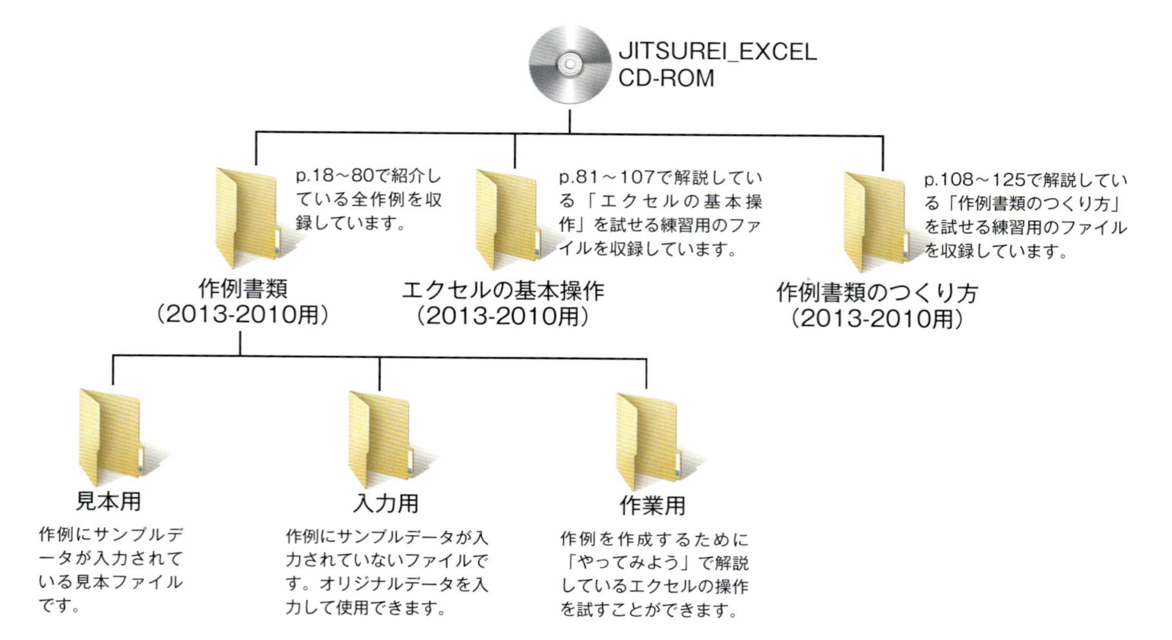

注意事項

CD-ROMをご利用になる前にお読みください

[付属CD-ROMについて]

・本書付属のCD-ROMは、Windows 8.1/8/7/Vista用およびExcel 2013/2010用です。それ以外のバージョンの動作は保証しておりません。

・本書付属のCD-ROMに収録されているデータは、お客さまのパソコンのフォント環境によっては、正しく表示・印刷されない場合があります。

・本書付属のCD-ROMに収録されているデータは、お手持ちのプリンターによっては、印刷時に設定の調整が必要になる場合があります。また、本書に掲載されている見本の色調と異なる場合があります。

・本書付属のCD-ROMに収録されているデータを使用した結果生じた損害は、（株）技術評論社および著者は一切の責任を負いません。

[収録データの著作権について]

・CD-ROMに収録されたデータの著作権・商標権は、すべて著者に帰属しています。

・CD-ROMに収録されたデータは、個人で使用する場合のみ利用が許可されています。個人・商業の用途にかかわらず、第三者への譲渡、賃貸・リース、伝送、配布は禁止します。

・Microsoft、MS、Windowsは米国およびその他の国における米国Microsoft Corporationの登録商標です。

CD-ROMから作例データをコピーする

お使いのパソコンのドライブにCD-ROMをセットし、使用したい作例のファイルやフォルダーをデスクトップにコピーします。CD-ROMから直接エクセルに読み込んだ場合は、上書き保存ができません。必ずデスクトップにコピーしてから使うようにしましょう。

1 CD-ROMのフォルダーを表示する

CD-ROMをパソコンのドライブにセットします。画面右上に表示されるメッセージをクリックし❶、[フォルダーを開いてファイルを表示]をクリックします❷。

Windows 7の場合は、CD-ROMをパソコンのドライブにセットすると、[自動再生]画面が表示されます。

2 データをデスクトップにコピーする

コピーしたいフォルダーまたはファイルをクリックして選択し❶、パソコンのデスクトップへドラッグ＆ドロップします❷。デスクトップにフォルダーまたはファイルがコピーされ、アイコンが表示されます。

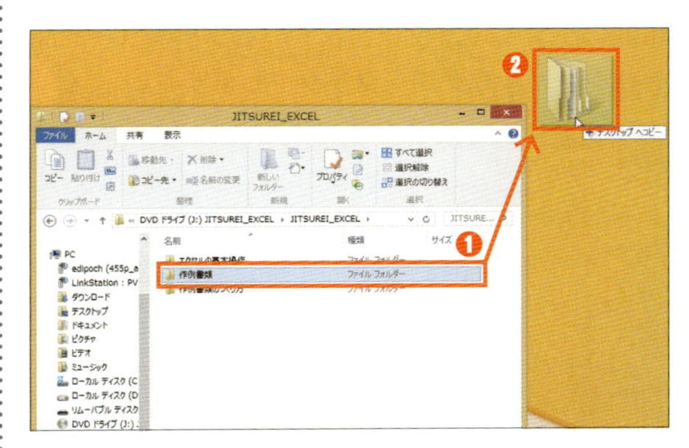

ワンポイントアドバイス

CD-ROMをパソコンのドライブにセットしても、画面右上にメッセージが表示されない場合は、[スタート]メニューから、[PC](Windows 7の場合は[コンピューター])をクリックして❶、DVDドライブのアイコンをクリックします❷。

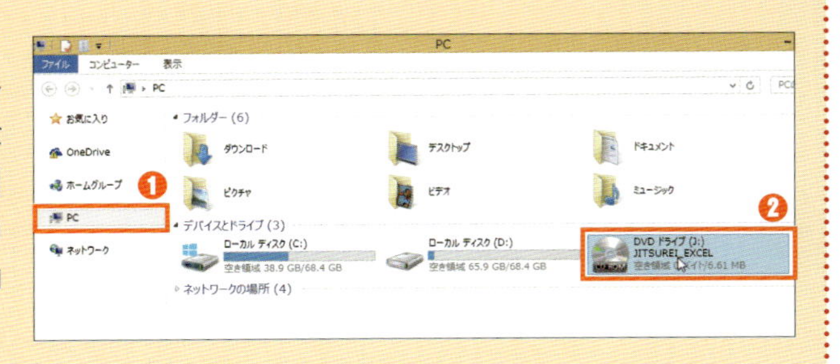

作例にひと手間加えてオリジナルの書類をつくろう！

作例の使い方

作例のファイルを開いて目的のワークシートを表示する

パソコンにコピーした作例のファイルを開いて書類をつくりましょう。ファイルを開く方法はいくつかありますが、ここでは最も簡単な方法を解説します。また、目的のワークシートを表示する方法も紹介します。

1 ファイルをダブルクリックする

目的のファイルが収録されているフォルダーを開き、ファイルをダブルクリックします❶。

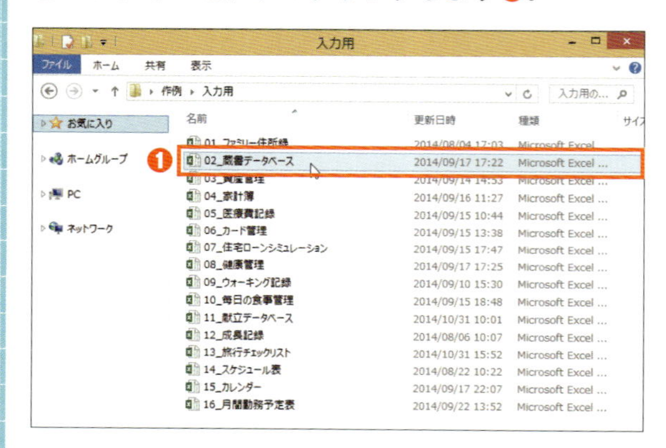

2 目的のファイルが開いた

ダブルクリックしたファイルが開きました。

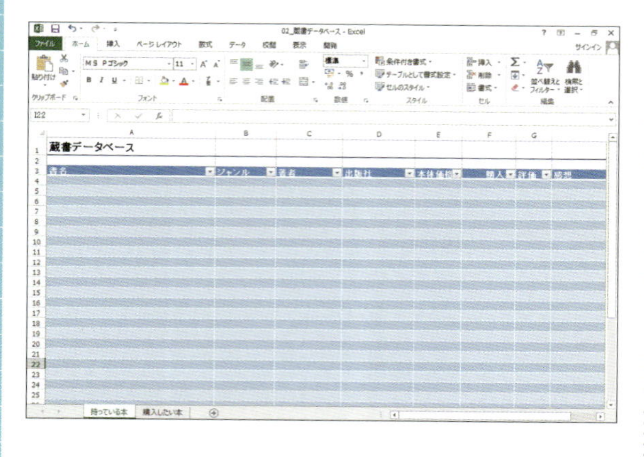

3 シート見出しをクリックする

ブックのウィンドウの下部には、そのブックに含まれるワークシートの「シート見出し」が表示されています。目的のワークシートのシート見出しをクリックします❶。

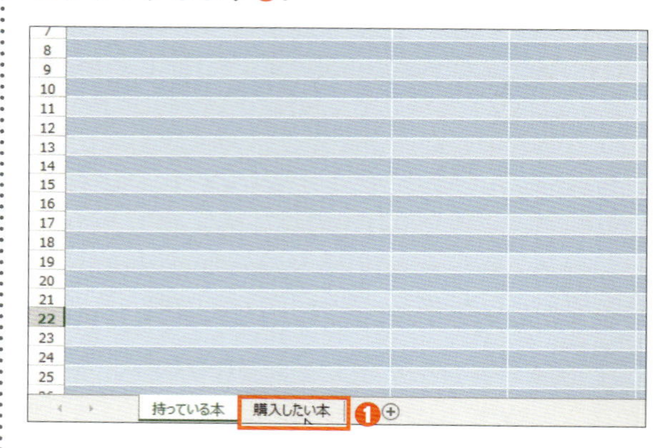

4 目的のワークシートが表示された

クリックしたシート見出しのワークシートが表示されました。

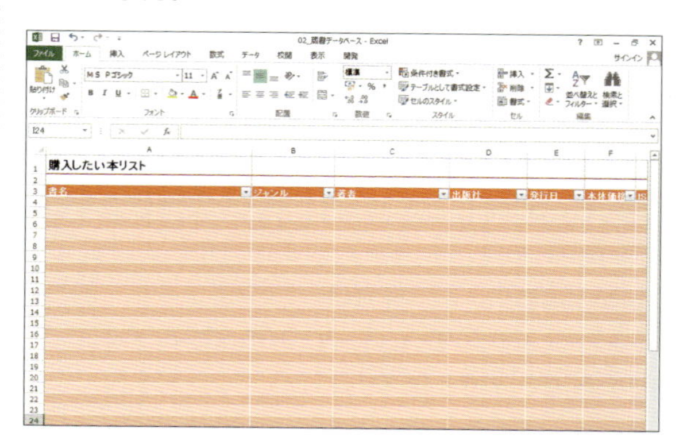

空白のセルにデータを入力する

データは基本的に、何も入力されていないセルに入力します。一見、空白のセルに見えても、自動的に計算するための数式が入力されている場合があるので、数式を消さないように注意しましょう。

1 データを入力する

セルをクリックして選択し❶、数式バーでセルに何も入力されていないことを確認してから❷、キーボードで数値や文字列などのデータを入力します。

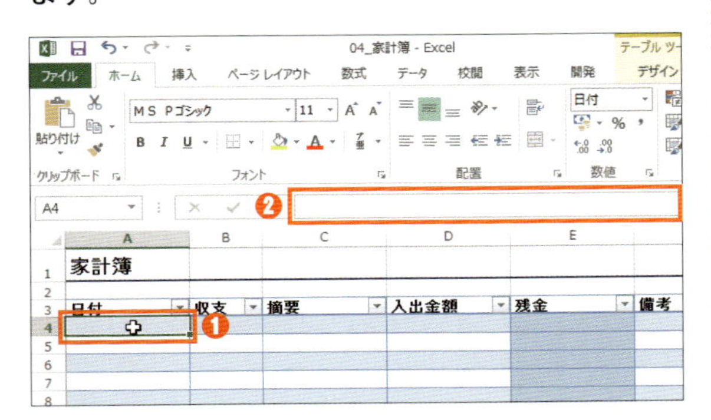

2 数式が入力されているセルを確認する

数式が入力されているセルでは、必要なデータを入力すると自動的に計算され、計算結果の数値や文字列が表示されます。セルをクリックして選択し❶、数式バーで数式が入力されていることを確認した場合は❷、そのセルにはデータを入力しないでください。

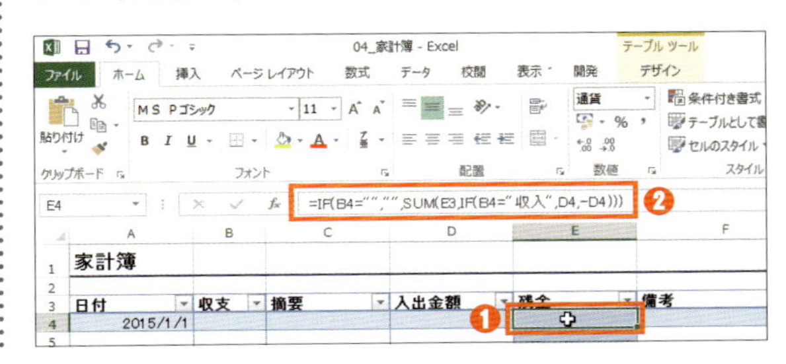

ドロップダウンリストでデータを選択する

本書で紹介する作例では、セルをクリックして選択すると、セルの右側に ▼ が表示される場合があります。このようなときには、以下の手順で選択肢を選び、セルに入力することができます。

1 データを選択する

セルをクリックして選択すると❶、セルの右側に ▼ が表示される場合があります。この ▼ をクリックして❷、表示される選択肢から目的のデータをクリックして選択します❸。

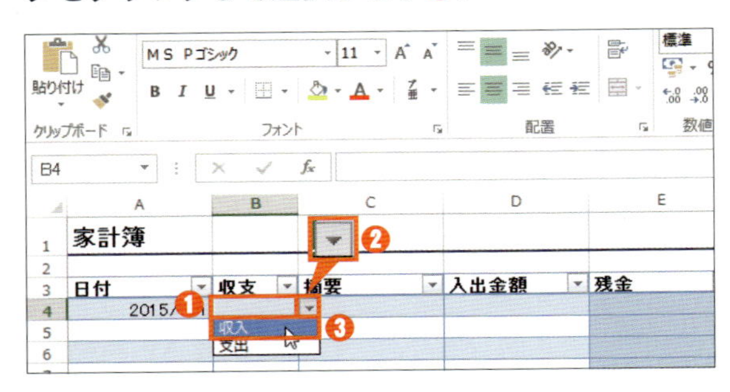

2 選択したデータが入力された

選択したデータが入力されました❶。なお、選択肢以外のデータを入力できるかどうかは、セルの設定によって異なります。

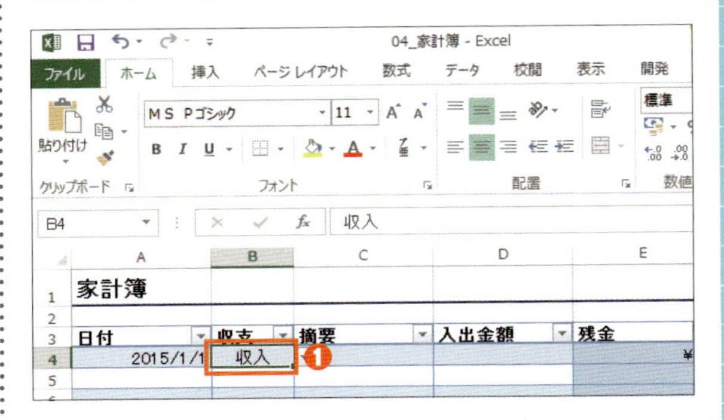

ファイルを閉じる

作成・編集したブックを保存せずに閉じようとすると、保存を確認するダイアログボックスが表示されます。保存するかどうかを選択して、ブックを閉じます。

1 ブックのウィンドウを閉じる

変更したブックのウィンドウの右上にある［閉じる］ をクリックします❶。

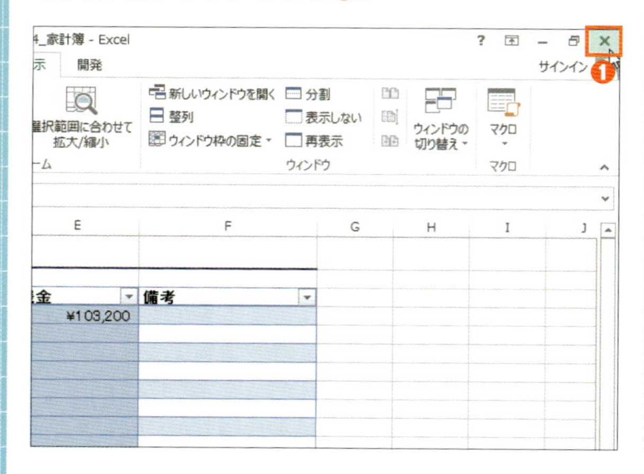

2 保存するかどうかを選択する

保存するかどうかを確認するダイアログボックスが表示されます。目的や作業内容に応じて、[保存］ボタンまたは［保存しない］ボタンをクリックします。

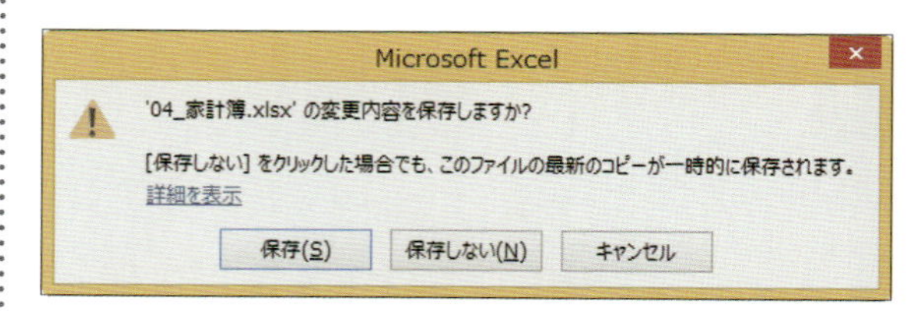

このダイアログボックスは、ブックに変更があった場合に表示されます。使用している関数によっては、変更していなくても表示されることがありますが、その場合は保存しなくても問題ありません。

ファイルに名前を付けて保存する

ブックで行った作業を残しておくには、ファイルを「保存」する必要があります。必要に応じてファイル名を変えて保存することも可能です。

1 [名前を付けて保存] ダイアログボックスを表示する

［ファイル］タブをクリックし❶、［名前を付けて保存］をクリックします❷。

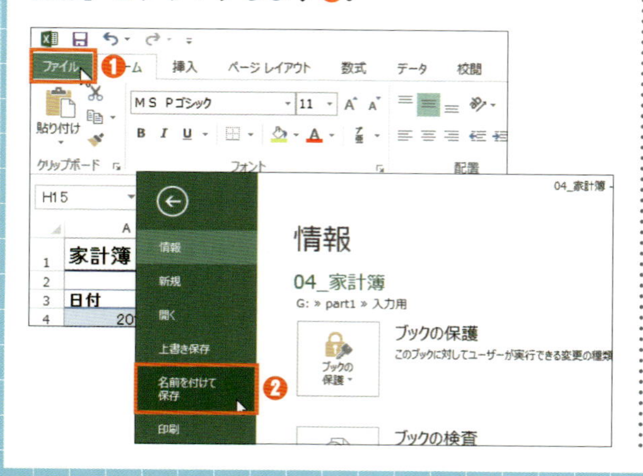

2 保存先のフォルダーとファイル名を指定する

保存先のフォルダーとファイル名を指定し❶、［保存］ボタンをクリックします❷。

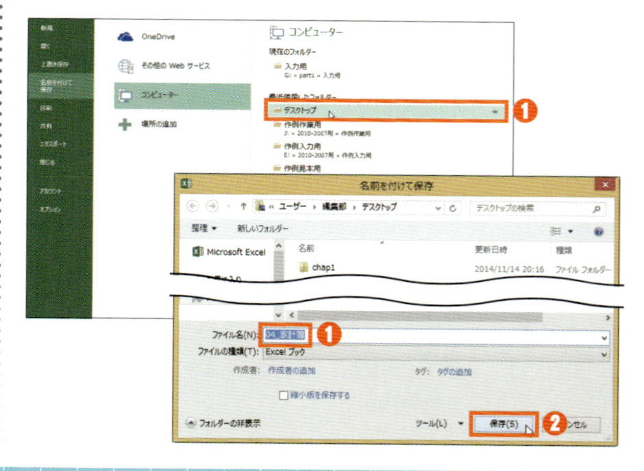

ブックを印刷する

本書で紹介している作例の多くは、最終的に印刷して利用することを目的としています。エクセル 2013/2010では、用紙サイズなどの設定、印刷プレビューの確認、印刷の実行をすべて１つの画面から実行できます。

1 印刷の画面を表示する

[ファイル] タブをクリックし❶、[印刷] をクリックします❷。

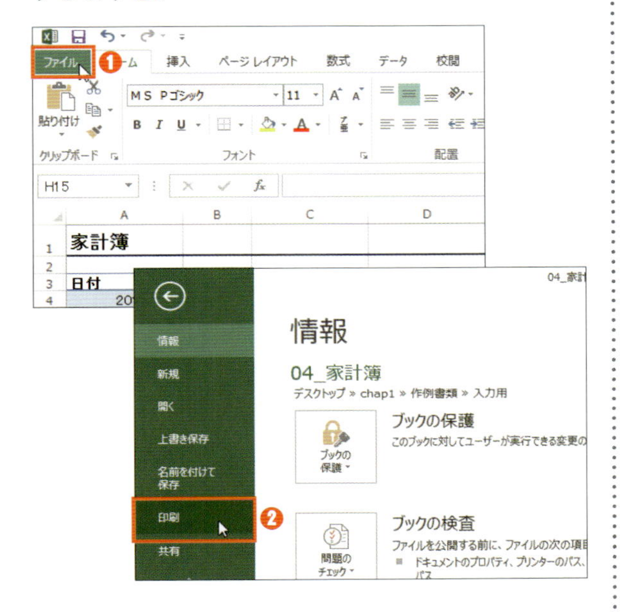

2 印刷プレビューを確認する

[印刷] 画面が表示されます。右側の領域には、印刷プレビュー（実際の印刷に近いイメージ）が表示されます❶。

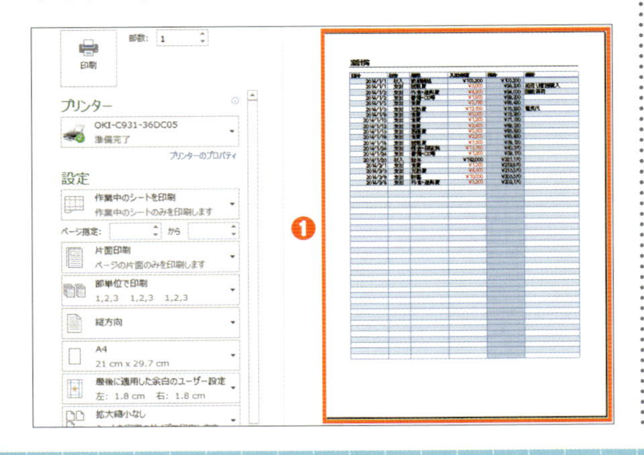

3 余白などを設定する

印刷するページや用紙サイズ、余白などは左側の領域で設定します。▾の付いている項目は、クリックして設定の一覧から選択できます❶。

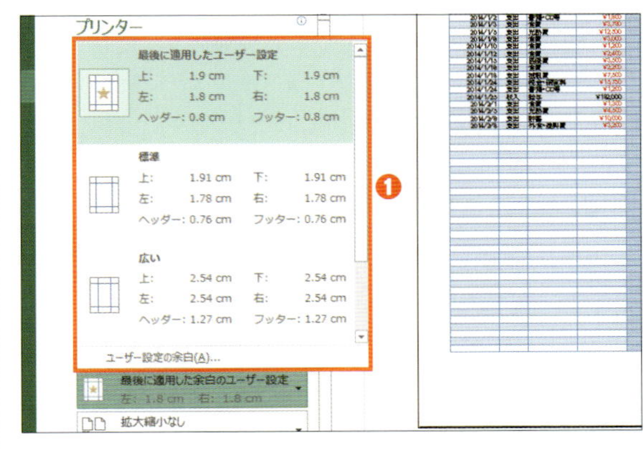

4 印刷を実行する

[印刷] ボタンをクリックします❶。設定した内容で、ワークシートの印刷が実行されます。

ワンポイントアドバイス

用紙サイズや余白などのページ設定は、[ページレイアウト] タブでも変更が可能です。

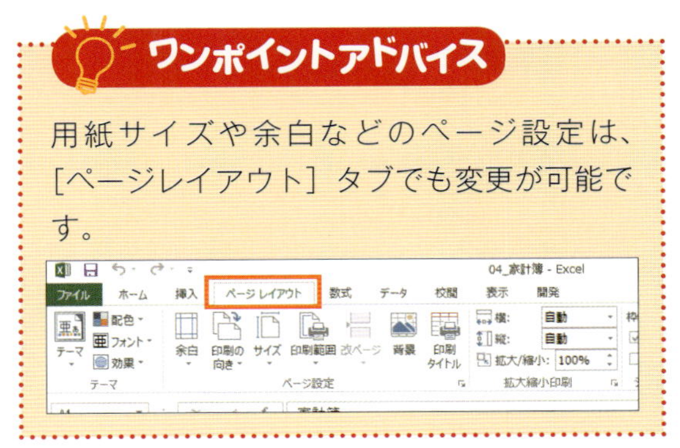

［開発］タブを表示する

本書で紹介している作例の一部には、チェックボックスやボタンなどの「コントロール」を使用しています。「コントロール」を作成するには、初期状態では表示されていない［開発］タブを表示させる必要があります。

1 ［Excel のオプション］ダイアログボックスを表示する

［ファイル］タブをクリックし❶、［オプション］をクリックします❷。

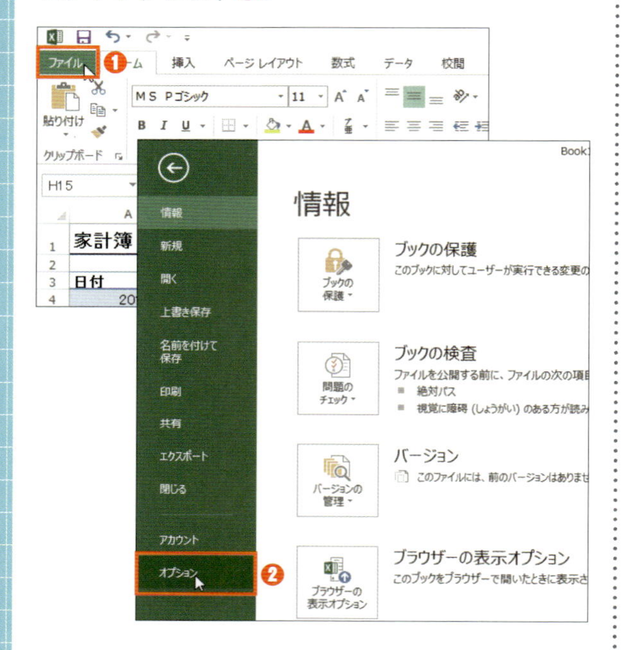

2 リボンのユーザー設定を表示する

［Excel のオプション］ダイアログボックスの［リボンのユーザー設定］をクリックします❶。

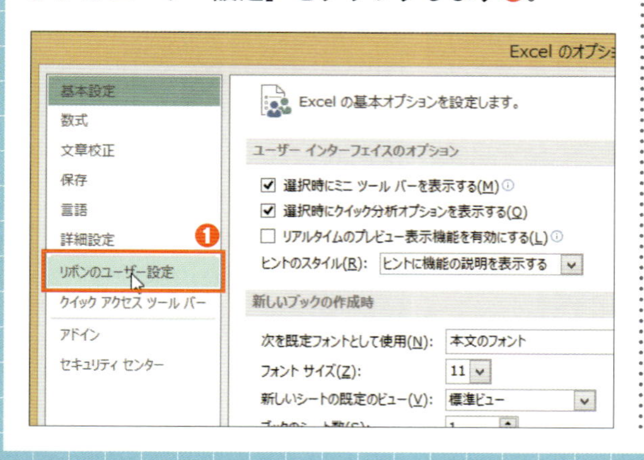

3 ［開発］タブを表示させる

［リボンのユーザー設定］欄で［メインタブ］が選択されている状態で❶、［開発］をクリックしてチェックを付けて❷、［OK］をクリックします❸。

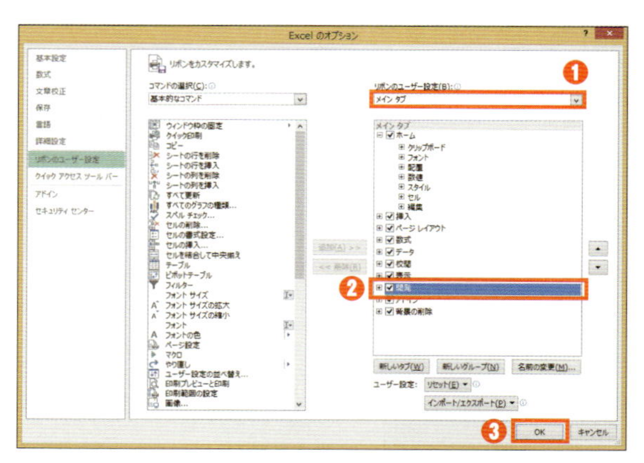

4 ［開発］タブが表示された

リボンに［開発］タブが表示されました❶。クリックすると［開発］タブの内容を確認できます。

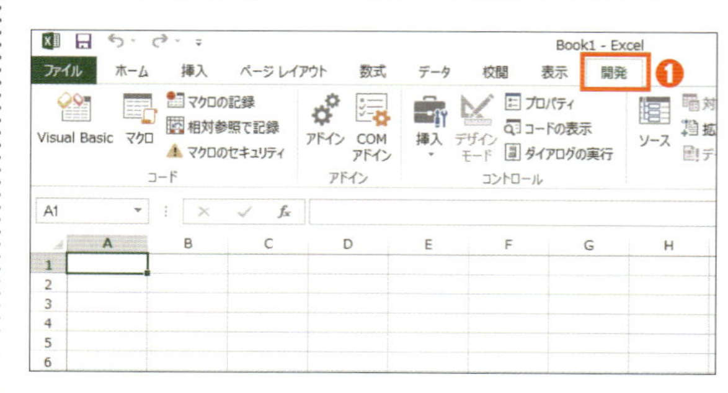

作業効率を向上させよう！

エクセルの環境設定

エクセルの基本的な操作環境を設定する

p.14の操作で表示される［Excelのオプション］ダイアログボックスでは、エクセルの操作方法や画面表示などに関連した基本的な設定ができます。これらの設定を使いやすいように変更することで、作業効率が向上します。ここでは、［Excelのオプション］ダイアログボックスの2つの画面を紹介します。

［基本設定］画面

［Excelのオプション］ダイアログボックスを開くと、最初に表示される画面です。ここでは、各種の操作アシスト機能のオン／オフ、基本のフォントの種類やサイズ、ウィンドウの模様や色などの設定を変更できます。

［数式］画面

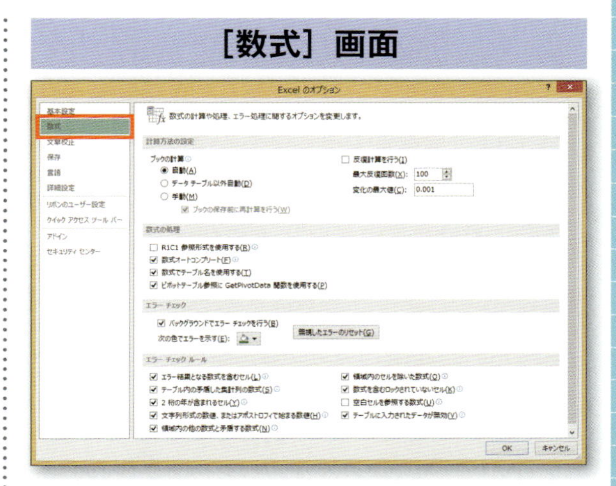

［数式］画面では、計算方法や数式の入力に関連した補助機能、エラーチェック機能などに関する設定を変更できます。

複数のユーザーで共有する場合

［Excelのオプション］ダイアログボックスでは、ここで紹介したもの以外にも、エクセルの操作に関連した各種の設定を変更できます。ただし、複数のユーザーでパソコンを共有している場合、これらの設定を変更する際は注意が必要です。カスタマイズすることで自分は使いやすくなっても、ほかの人にはかえって使いにくくなってしまう可能性もあるので、事前に了解を取りましょう。

■免責

本書に記載された内容は情報提供のみを目的としています。したがって、本書の運用は、必ずお客様自身の責任と判断によって行ってください。これらの情報の運用結果について、㈱技術評論社および著者はいかなる責任も負いません。

本書記載の情報は、2015年1月末現在のものを掲載しており、ご利用時には変更されている場合があります。また、ソフトウェアに関する記述は、Microsoft Excel 2013/2010のそれぞれのソフトウェアの2014年12月末現在での最新バージョンをもとにしています。ソフトウェアはバージョンアップされる場合があり、本書の説明とは機能の内容や画面図などが異なる可能性もあります。

■商標、登録商標について

エクセル書類の作例とポイント

ここではCD-ROMに収録されているエクセル書類と、書類をつくる際のポイントを紹介します。自分が使いたい書類を探し、ポイントの解説にしたがって、実際にデータを入力したり、加工したりしてみましょう。

誰でも使える簡単“データベース”

友人・知人の情報を記録する住所録

01_ファミリー住所録.xlsx

エクセルの「テーブル」機能で作成した、使いやすい住所録です。特定の区分の知人の情報だけを表示するといった、「データベース」的な操作が簡単に行えます。

Point
氏名の読みを自動表示
「氏名」のセルに名前を入力すると、変換前のかなに基づき、数式によって自動的に「フリガナ」が表示されます。
➡ p.100

やってみよう
テーブルを作成する
ワークシート上の指定した領域に、大量のデータを記録・管理するための「テーブル」を作成します。

住所録

氏名	フリガナ	区分	郵便番号	住所1	住所2	固定電話	携帯電話	メー
安藤 秋子	アンドウ アキコ	学校友人	350-0000	埼玉県さいたま市咲田町1-1-00	咲田マンション503	048-000-xxxx	090-0000-xxxx	ando
伊藤 一郎	イトウ イチロウ	仕事知人	135-0000	東京都文京区真白町2-2-000	中央マンション522	521-000-xxxx	090-0001-xxxx	itou@
内村 詩子	ウチムラ ウタコ	仕事知人	275-0000	東京都世谷区大居3-1-00	豊崎ビル211	022-000-xxxx	090-0002-xxxx	utimu
榎田 恵理子	エノキダ エリコ	家族親族	345-0000	兵庫県東宮市高田町6-1-00	東口マンション332	056-000-xxxx	090-0003-xxxx	enoki
小野寺 音也	オノデラ オトヤ	学校友人	325-0000	兵庫県尼ヶ丘市浜町5-4-0-000	三島マンション552	228-000-xxxx	090-0004-xxxx	onode
片岡 克之	カタオカ カツユキ	趣味友人	223-0000	神奈川県縦浜市ひかり町5-0-00	大宮ハイツ1022	099-000-xxxx	090-0005-xxxx	katao
菊池 恭介	キクチ キョウスケ	家族知人	245-0000	神奈川県山崎市神奈川区沢町00	葛城ビル111	248-000-xxxx	090-0006-xxxx	kikuti
熊田 久美子	クマダ クミコ	家族知人	256-0000	東京都九王子市上野区5-1-00	ABCマンション212	312-000-xxxx	090-0007-xxxx	kuma
慶田 景子	ケイダ ケイコ	学校友人	274-0000	奈良県緑山区三ノ島4-1-00	楓マンション123	041-000-xxxx	090-0008-xxxx	keida
小宮山 孝介	コミヤマ コウスケ	地元友人	921-0000	徳島県吉田川市鹿島5-4-000	横居マンション100	598-000-xxxx	090-0009-xxxx	komiy
佐野 小百合	サノ サユリ	学校友人	821-0000	群馬県一意川郡未島町87-6-000	千川マンション212	111-000-xxxx	090-0010-xxxx	sano
柴田 章一	シバタ ショウイチ	家族親族	432-0000	大阪府大谷市加賀町111-00-000	山田ビル535	066-000-xxxx	090-0011-xxxx	sibata
鈴宮 澄香	スズミヤ スミカ	学校友人	531-0000	大阪府北区柊町221-0-0	後光マンション322	325-000-xxxx	090-0012-xxxx	suszu
芹沢 聖也	セリザワ セイヤ	趣味友人	554-0000	大分県磯山市小波町332-0-000	アイスハイツ252	552-000-xxxx	090-0013-xxxx	seriza
園原 総一郎	ソノハラ ソウイチロウ	学校友人	682-0000	熊本県今江市成田南55-11-000	浜松ビル521	363-000-xxxx	090-0014-xxxx	sono
高橋 達之	タカハシ タツユキ	地元友人	226-0000	熊本県日暮市飯田町45-00-00	山野ビル223	465-000-xxxx	090-0015-xxxx	takah
千葉 千賀子	チバ チカコ	仕事知人	865-0000	京都府京都市南区南大路33-000	三鉄マンション446	997-000-xxxx	090-0016-xxxx	chiba
角田 翼	ツノダ ツバサ	仕事知人	225-0000	京都府京都市下鴨区上賀茂55-0	南急マンション369	115-000-xxxx	090-0017-xxxx	tuno
寺田 哲也	テラダ テツヤ	家族親族	776-0000	山形県七宮区三田町1-000	小野ビル996	343-000-xxxx	090-0018-xxxx	terad
戸川 智一	トガワ トモカズ	家族知人	856-0000	青森県雪町大木町3-00-00	香川マンション454	559-000-xxxx	090-0019-xxxx	togaw

Point
区分の指定
あらかじめ登録した「区分」をリストから選択し、自分と相手との関係に応じて分類できます。
➡ p.93

Point
フィルターの利用
指定した条件に合致する人の行だけを表示し、それ以外の行を隠すことが可能です。
➡ p.35

やってみよう 「テーブル」機能で住所録を作成する

テーブルを設定すると、その先頭の行が各列の見出しとなり、次の行以降は､1行に1件分のデータを入力できます。ここでは、見出しと1行のデータをあらかじめ入力している状態から、35人分の情報が入力できるテーブルを作成してみましょう。

1 テーブルスタイルを選択する

[A3:J38] のセル範囲を選択し、[ホーム] タブをクリックします❶。[スタイル] グループの [テーブルとして書式設定] をクリックして❷、[テーブルスタイル (中間) 14] をクリックします❸。

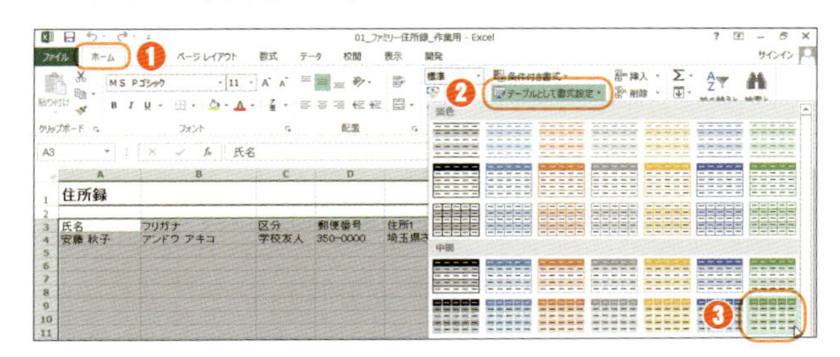

2 先頭行を見出しとして設定する

[テーブルとして書式設定] ダイアログボックスで、[先頭行をテーブルの見出しとして使用する] をクリックしてチェックを付け❶、[OK] をクリックします❷。

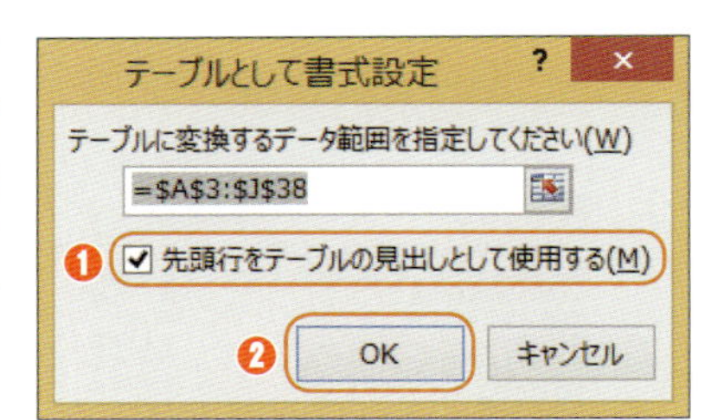

覚えておこう データの件数が増えてきたらテーブルの行数を増やそう

行数を増やしたいときは、テーブルの右下端のセルの右下にある、サイズ変更ハンドルを下方向へドラッグします❶。増えた行にも、テーブルの同じ列の書式が自動的に設定されます。
同様に、サイズ変更ハンドルを右方向へドラッグすると列数が増えます。また、上方向にドラッグすると行数が減り、左方向へドラッグすると列数が減ります。

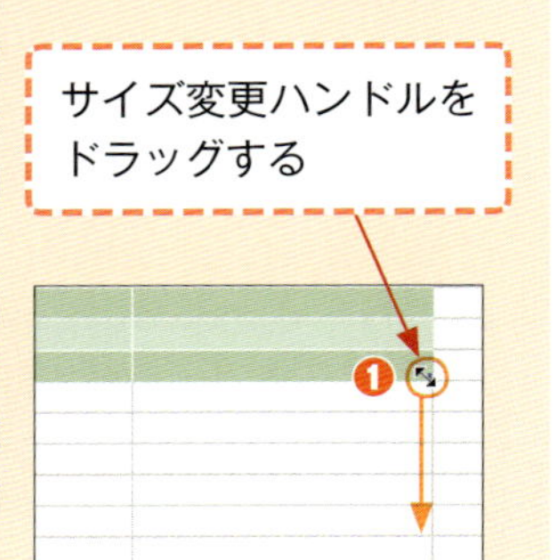

: 2014年7月26日
メモ
ご長男誕生
お父上逝去のため喪中

持っている本とほしい本を記録する

本の管理に便利な蔵書データベース

02_蔵書データベース.xlsx

エクセルの「テーブル」機能で作成した、持っている本の情報を記録する蔵書データベースです。将来購入したい本の情報を書き留めておくためのデータベースも用意しました。

Point ジャンルを選択

本の「ジャンル」を、リストから選択できます。ジャンル自体もユーザーが変更できます。

➡ p.93

蔵書データベース

書名	ジャンル	著者	出版社	本体価格	購入日	評価	感想
家庭や地域で使えるExcel書類のつくり方	科学・技術・IT	土屋和人	技術評論社	¥1,780	2011/2/5	3	いろいろと使えた
まちがいさがし小学生用	絵本・子供用	遠藤達也	海と町社	¥1,200	2012/3/5	4	小学生向けにしては高度で大人も楽しめた
ビジネスマナーの技術	ビジネス	早川一	集合社	¥1,000	2012/4/20	2	
着物大全	実用・学習	桐野由紀子	伝統出版	¥1,450	2010/9/26	4	
魚のおいしい料理	実用・学習	大泉雅夫	漁業出版	¥980	2013/12/12	5	
頭の鍛え方	実用・学習	新島学人	漢文社	¥1,200	2013/6/14	4	
宇宙人の品格	ノンフィクション	間島幸一	宇宙出版	¥890	2011/5/4	5	
アリガトウ	フィクション	近藤喜久子	相談社	¥510	2010/6/19	2	
ねこ、犬の正しい躾の仕方	実用・学習	江田祥子	犬猫出版	¥980	2013/1/23	4	
子育てのコツ	実用・学習	加賀真奈美	散文社	¥3,300	2008/5/29	1	
英語が30日で話せる学習参考書	実用・学習	染島友亮	海道社	¥1,200	2007/8/9	4	

購入したい本リスト

書名	ジャンル	著者	出版社	発行日	本体価格	ISBN	リンク
家庭や地域で使えるExcel書類のつくり方	科学・技術・IT	土屋和人	技術評論社	2011/2/5	¥1,780	9784774145136	開く
まちがいさがし小学生用	絵本・子供用	遠藤達也	海と町社	2012/3/5	¥1,200		
ビジネスマナーの技術	ビジネス	早川一	集合社	2012/4/20	¥1,000		
着物大全	実用・学習	桐野由紀子	伝統出版	2010/9/26	¥1,450		
魚のおいしい料理	実用・学習	大泉雅夫	漁業出版	2013/12/12	¥980		
頭の鍛え方	実用・学習	新島学人	漢文社	2013/6/14	¥1,200		
宇宙人の品格	ノンフィクション	間島幸一	宇宙出版	2011/5/4	¥890		
アリガトウ	フィクション	近藤喜久子	相談社	2010/6/19	¥510		
ねこ、犬の正しい躾の仕方	実用・学習	江田祥子	犬猫出版	2013/1/23	¥980		
子育てのコツ	実用・学習	加賀真奈美	散文社	2000/5/29	¥3,300		
英語が30日で話せる学習参考書	実用・学習	染島友亮	海道社	2007/8/9	¥1,200		

Point 購入したい本を記録

すでに持っている本だけでなく、将来購入したい本の情報を記録しておくこともできます。

Point 情報ページを開く

「ISBN」を入力し、「リンク」の「開く」をクリックすると、Googleブックスのその本に関するページがWebブラウザーで開きます。

➡ p.101

所有しているすべての資産をまとめて把握できる

預貯金や有価証券などの資産管理

03_資産管理.xlsx

銀行預金や郵便貯金、株式などの有価証券、不動産や美術品などの現在の価値を確認して記録し、自分の資産総額がいくらぐらいなのかを把握しましょう。

Point
預貯金の種類を選択
預貯金の種類をリストから選択できます。リスト中に存在しない預貯金の場合は、直接入力することも可能です。 ➡ p.93

Point
資産総額を自動計算
預貯金、有価証券、その他の資産の合計金額から、すべての資産の総額を自動的に計算して表示します。 ➡ p.99

資産管理 2014年12月20日 現在 **資産額計：** ¥51,550,000

【預貯金】

No.	金融機関名	本・支店名	種類	口座番号	名義	最終記帳日	預金額
1	四星ULG銀行	一本木支店	普通預金	0012345	山田健一	2014/9/15	¥285,000
2	逸見住本銀行	代々本支店	定期預金	0034567	山田健一	2014/10/3	¥1,560,000
3	みそな銀行	太塚支店	定期預金	0009999	山田健一	2014/10/1	¥2,520,000
4	いずほ銀行	七王子支店	普通預金	0001000	山田健一	2014/10/26	¥85,000
						預金額計	¥4,450,000

【有価証券】

No.	有価証券の種類	購入日	所有数	額面金額	額面金額計	実質価額	実質価額計
1	毎倉商事株式	2012/5/20	15,000	¥100	¥1,500,000	¥120	¥1,800,000
2	不三家株式	2014/2/18	20,000	¥80	¥1,600,000	¥110	¥2,200,000
				額面金額計	¥3,100,000	実質価額計	¥4,000,000

【その他資産】

No.	資産名	保管場所	数量	単位	評価／鑑定日	評価額(1単位)	評価総額
1	記念金貨	みそな銀行貸金庫	50	枚	2012/4/2	¥50,000	¥2,500,000
2	土地(東京都豊島区)	不動産	100	㎡	2010/12/20	¥400,000	¥40,000,000
3	絵画	自宅金庫	1	枚	2011/5/16	¥600,000	¥600,000
						評価総額計	¥43,100,000

Point
各資産の金額を自動計算
有価証券や土地などの資産は、1単位当たりの金額と所有数から、その総額を自動的に計算して表示します。 ➡ p.99

毎日最小限の入力作業で家計の分析も簡単にできる

自動集計機能付き家計簿

毎日わずかな手間で入力できる家計簿です。収入・支出に応じた費目はリストから選択して入力でき、費目ごとの集計も自動的に行われます。

家計簿

日付	収支	摘要	入出金額	残金	備考
2014/1/1	収入	前期繰越	¥103,200	¥103,200	
2014/1/1	支出	被服費	¥5,000	¥98,200	初売り福袋購入
2014/1/2	支出	外食・遊興費	¥4,200	¥94,000	回転寿司
2014/1/2	支出	書籍・CD等	¥1,800	¥92,200	
2014/1/3	支出	食費	¥3,780	¥88,420	
2014/1/5	支出	光熱費	¥12,500	¥75,920	電気代
2014/1/6	支出	食費	¥3,000	¥72,920	
2014/1/10	支出	食費	¥1,200	¥71,720	
2014/1/12	支出	食費	¥2,400	¥69,320	
2014/1/15	支出	医療費	¥3,500	¥65,820	
2014/1/16	支出	食費	¥2,200	¥63,620	
2014/1/18	支出	被服費	¥7,500	¥56,120	
2014/1/24	支出	税金・保険料	¥15,750	¥40,370	
2014/1/24	支出	書籍・CD等	¥1,200	¥39,170	
2014/1/25	収入	給与	¥182,000	¥221,170	
2014/2/1	支出	食費	¥1,300	¥219,870	
2014/2/5	支出	光熱費	¥4,500	¥215,370	
2014/2/6	支出	貯蓄	¥10,000	¥205,370	
2014/2/8	支出	外食・遊興費	¥3,200	¥202,170	

家計費集計

自	至	現在の残金
2014/1/1	2014/2/8	¥202,170

費目別集計

収入		支出		
費目	金額	費目	金額	支出割合
前期繰越	¥103,200	食費	¥13,880	17%
給与	¥182,000	光熱費	¥17,000	20%
賞与	¥0	通信費	¥0	
利息・配当	¥0	交通費	¥0	
その他	¥0	日用品	¥0	
		被服費	¥12,500	15%
		外食・遊興費	¥7,400	9%
		書籍・CD等	¥3,000	4%
		家具・家電	¥0	
		教育費	¥0	
		医療費	¥3,500	4%
		税金・保険料	¥15,750	19%
		家賃	¥0	
		ローン返済	¥0	
		貯蓄	¥10,000	12%
		その他	¥0	
合計	¥285,200	合計	¥83,030	

期間別集計

期間		収支		
開始年月日	終了年月日	収入	支出	差引収支
2014/1/1	2014/1/31	¥182,000	¥64,030	¥117,970
2014/2/1	2014/2/28	¥0	¥19,000	(¥19,000)

やってみよう

家計簿の利用

ここでは、この家計簿の使用手順を説明します。まず「集計」シートで基本設定を行い、「家計簿」シートで日々の入力を行っていきます。

Point

リストから入力

「収入」か「支出」かをリストから選択すると、それぞれに応じた「摘要」をリストから選択して入力できます。 ➡ p.93

Point

記録期間を自動表示

「家計簿」シートに入力された最初の日付と最後の日付を自動的に表示します。

Point

最も多い支出を赤字で表示

支出の費目の中で、最も金額の大きい費目の文字を赤字で表示します。 ➡ p.90

Point

支出の割合をグラフ表示

各支出の費目の金額をパーセンテージで表示し、さらにその割合をセル内に簡易グラフで表示します。 ➡ p.108

やってみよう 家計簿の費目を設定して収支を入力する

「収入」や「支出」の「摘要」として入力する費目は、あらかじめ「集計」シートで指定できます。「家計簿」シートでの入力の際には、「収入」か「支出」かに応じて、ここで指定した費目をリストから選んで入力できます。

1 収入と支出の費目を指定する

「集計」シートを開き、[A9:A27] の範囲内の各セルに「収入」の費目を❶、[C9:C27] の範囲内の各セルに「支出」の費目を❷、それぞれ上から間を空けずに入力していきます。

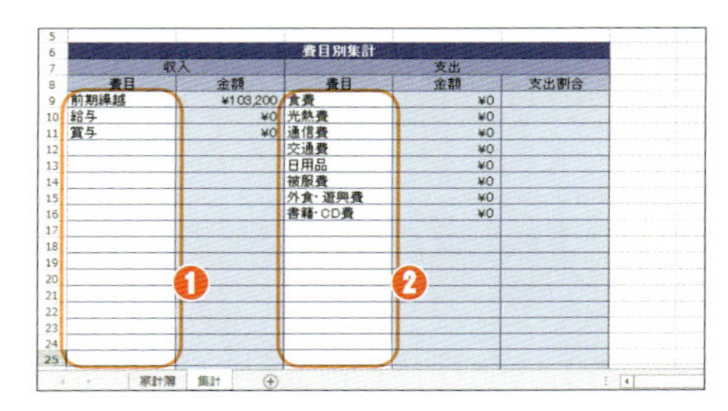

2 収支を指定する

「家計簿」シートを開き、まず「日付」列の最初のセルに日付を入力します❶。次に、同じ行の「収支」列のセルをクリックし、▼をクリックして、リストから「収入」または「支出」をクリックします❷。

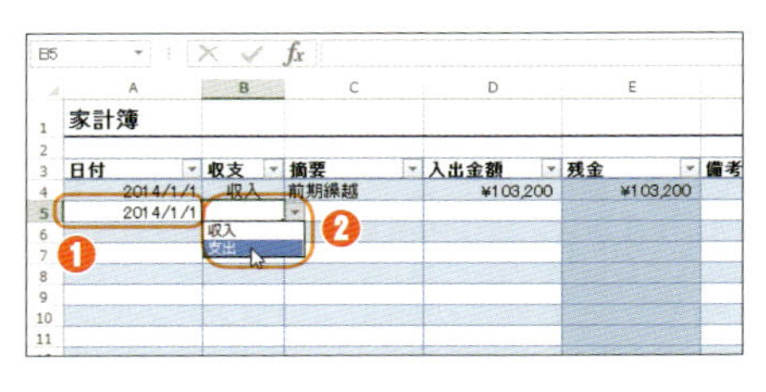

3 摘要を指定する

同じ行の「摘要」列のセルをクリックし、▼をクリックして、リストから入力したい費目をクリックします❶。

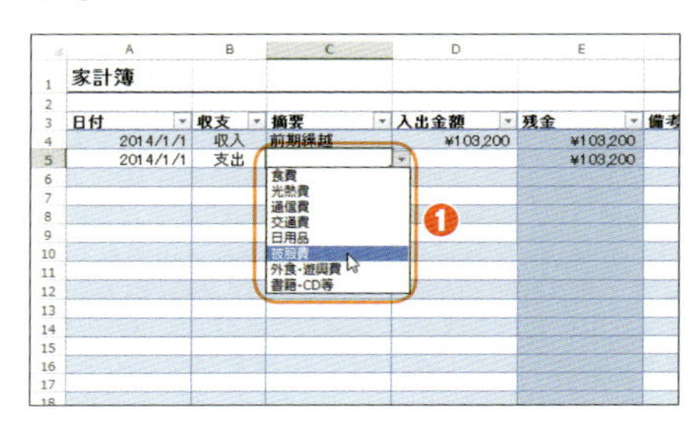

4 金額を入力する

同じ行の「入出金額」列のセルをクリックし、収入または支出の金額を入力します❶。さらに、必要に応じて同じ行の「備考」列のセルに補足情報を入力します❷。

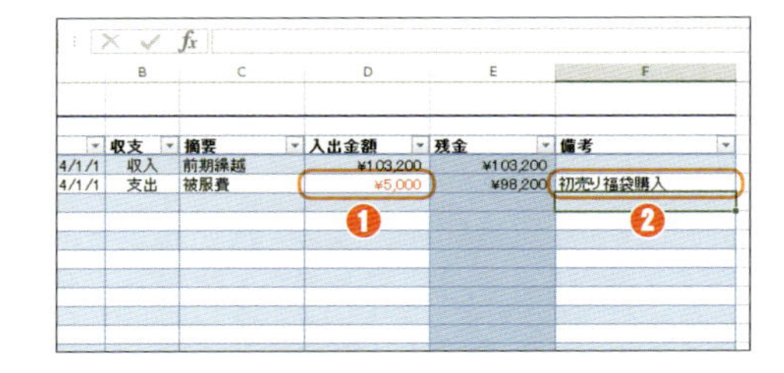

覚えておこう 家計簿に入力したら費目ごとの集計結果を確認しよう

「家計簿」シートにある程度収入または支出の記録を入力したら、改めて「集計」シートを開きます。すると、収入または支出の費目ごとに、「家計簿」に入力された金額が集計されていることが確認できます。また、下側にある「期間別集計」の「開始年月日」と「終了年月日」にそれぞれ日付を入力すると❶、その期間内の収入（「前期繰越」を除く）と支出の集計結果を確認できます。

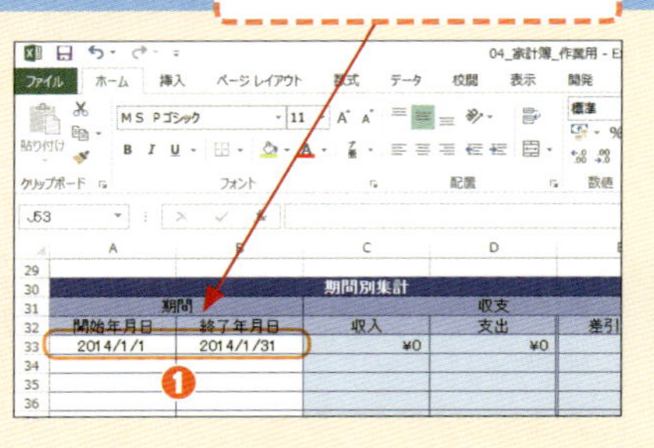

受診者・医療機関・薬局ごとに集計できる

医療関連支出を管理する医療費記録

05_医療費記録.xlsx

家族の医療関連の支出を記録し、「受診者」「医療機関」「薬局・薬店」ごとに自動的に集計するブックです。集計部分は、1クリックで簡単に隠すことが可能です。

やってみよう

行単位で簡単に非表示にする

「グループ化」機能を利用して、行単位の範囲の表示／非表示を、1クリックで簡単に切り替えられるようにします。

医療費記録

受診者別			医療機関別		薬局・薬店別	
受診者名	支払診療費合計	薬品代合計	医療機関名	支払診療費合計	薬局・薬店名	薬品代合計
山田一郎	¥3,650	¥4,200	犬飼総合病院	¥9,950	犬田薬局	¥2,350
山田良子	¥4,450	¥2,750	猫坂歯科医院	¥3,700	猫江薬局	¥9,950
山田健太	¥6,500	¥5,850	熊村クリニック	¥4,650	熊塚薬局	¥1,200
山田奈美	¥3,700	¥3,000			馬川薬局	¥1,400
					スタードラッグ	¥900
合計	¥18,300	¥15,800	合計	¥18,300	合計	¥15,800

日付	受診者名	症状	医療機関名	診療科	支払診療費	薬局・薬店名
2014/1/10	山田良子	風邪	熊村クリニック	内科	¥2,350	猫江薬局
2014/1/21	山田健太	歯痛	猫坂歯科医院	歯科	¥1,600	犬田薬局
2014/2/18	山田健太	発熱	犬飼総合病院	小児科	¥1,900	猫江薬局
2014/2/23	山田奈美	発熱	犬飼総合病院	小児科	¥2,100	猫江薬局
2014/3/12	山田一郎	風邪	犬飼総合病院	内科	¥2,350	猫江薬局
2014/5/13	山田健太	腹痛	熊村クリニック	胃腸科	¥1,000	馬川薬局
2014/6/6	山田良子	歯痛	猫坂歯科医院	歯科	¥2,100	犬田薬局
2014/6/12	山田奈美	風邪	犬飼総合病院	小児科	¥1,600	猫江薬局
2014/6/24	山田一郎	腹痛	熊村クリニック	胃腸科	¥1,300	熊塚薬局
2014/7/26	山田健太	風邪	犬飼総合病院	小児科	¥1,200	猫江薬局
2014/8/5	山田一郎	筋肉痛				スタードラッグ
2014/8/10	山田健太	風邪	犬飼総合病院	小児科	¥800	猫江薬局
集計					¥18,300	

Point

受診者名などをリストから選択

医療費を記録していくテーブルでは、「受診者名」「医療機関名」「薬局・薬店名」を、それぞれリストから選択して入力できます。

➡ p.93

Point

症状などで絞り込み表示

「症状」や「診療科」などの列でフィルターを実行し、特定の条件の支出記録だけを表示できます。

➡ p.35

やってみよう 集計結果の表示範囲を隠す

実際に記録していくのは下側のテーブルなので、上側にある集計用の表は、通常は隠しておくと邪魔になりません。行を「グループ化」することでアウトラインレベルが設定され、簡単に行単位の範囲の表示／非表示が切り替えられるようになります。

> **Point**
> **受診者や医療機関別に集計**
> あらかじめ入力した「受診者名」や「医療機関名」、「薬局・薬店名」ごとに、支出記録から自動的に集計されます。 ➡ p.99

1 行をグループ化する

[2:13] 行の行番号をドラッグし、行単位で選択します❶。[データ] タブをクリックし❷、[アウトライン] グループの [グループ化] のアイコン部分をクリックします❸。

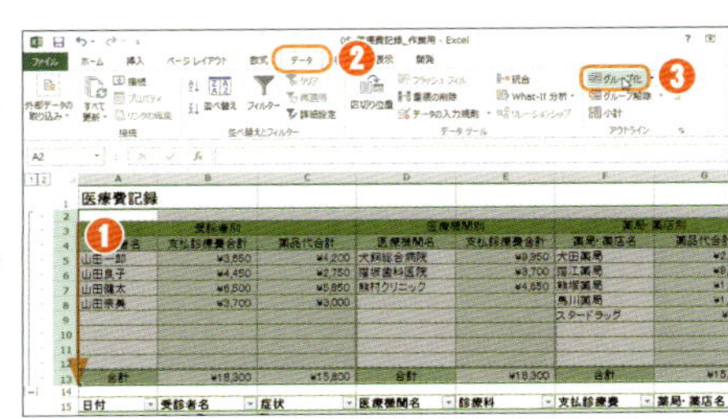

2 グループ化した行を非表示にする

行のグループ化を設定すると、行番号の左側にアウトラインの状態を表す領域が表示されます。[－] をクリックすると❶、グループ化された行がすべて非表示になります。

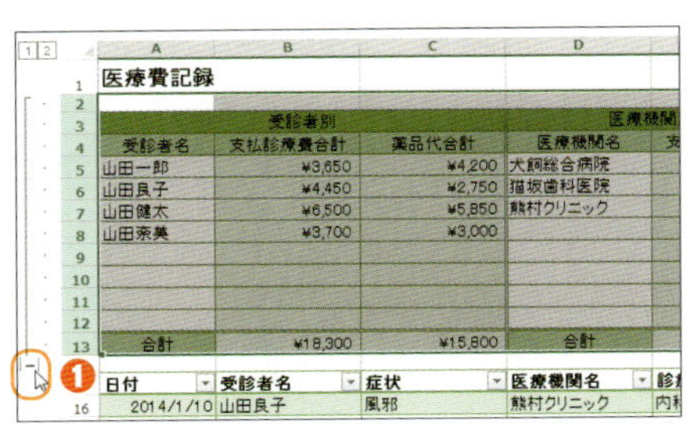

覚えておこう 非表示にした行のグループを再表示するには？

上記の操作で行を非表示にすると、アウトライン領域の [－] が [＋] という表示に変わります。ここをクリックすれば❶、非表示になった行が再表示されます。
なお、アウトライン領域の [1] をクリックしてもグループ化を設定した行が非表示になり、[2] をクリックすると再表示されます。

非表示にした行を再表示する

キャッシュカードやクレジットカードの情報を一元管理

重要な情報を守るカード管理

06_カード管理.xlsx

クレジットカード、キャッシュカード、ポイントカードなどに関する情報を記録しておくブックです。紛失・盗難時の届け出などの際にも役立ちます。

やってみよう　ワークシートを保護する

内容を変更されたり、隠している暗証番号が見られたりしないように、ワークシートをパスワード付きで保護しましょう。

Point　有効期限を年/月で表示

有効期限を「年/月」の形で入力すると、その年・月の1日の日付データになります。表示形式の設定により、「2015/12」のように表示されます。 ➡ p.84

Point　共有カードの管理

このブックは、個人所有のカードをまとめて管理するものです。家族で共有するポイントカードの場合は、管理者を決めて入力してください。

カード管理

名義: 漢字 山田一郎　カナ ヤマダ イチロウ　アルファベット ICHIRO YAMADA

【クレジットカード】

No.	カード名称	カード番号	発行会社	暗証番号	有効期限	緊急連絡先	備考
1	アメリカン・エスプレッソ	1234 5678 9012 *****	アメリカン・エスプレッソ社	********	2015/12	03-0000-0000	
2	BCカード	0000 1111 2222 ******	三石ULGタコス	********	2015/08	03-0000-0001	
3	イロンカード	4444 5555 6666 ******	イロン	********	2016/07	03-0000-0002	イロンポイント付き
4	楽円カード	8888 9999 0000 ******	楽円	********	2016/12	03-0000-0003	楽円ポイント付き
5							
6							
7							
8							
9							
10							

【キャッシュカード】

No.	銀行名	種別	本・支店名	店番号	口座番号	暗証番号	緊急連絡先	備考
1	三石ULG銀行	普通	海袋支店	100	0123456	********	03-0000-0004	給与振り込み口座
2	逸見住本銀行	普通	古宿支店	105	1111111	********	03-0000-0005	ローン返済用
3	みずは銀行	普通	甘谷支店	110	2222222	********	03-0000-0006	
4								
5								
6								
7								
8								

【ポイントカード】

No.	ショップ名	会員番号	連絡先	備考
1	東友マート	0333 333 333	03-0000-0007	南友ストアでも使用可
2	コメットストア	0444 444 444	03-0000-0008	
3	カトートーカドー	0555 555 555	03-0000-0009	
4	Uポイント	0666 666 666	03-0000-0010	
5				
6				
7				
8				

☑ カード番号の一部と暗証番号を隠す

Point　「0」で始まる番号の表示

暗証番号などはセル上では常に4桁で表示され、3桁以下の場合は先頭に「0」が付きます。ポイントカードの会員番号は文字列として入力されます。 ➡ p.85

Point　暗証番号を隠す

「カード番号の一部と暗証番号を隠す」にチェックを付けると、カード番号の末尾4桁と暗証番号が「****」のように表示されます。

やって みよう ワークシートを保護して変更を防ぐ

「カード番号の一部と暗証番号を隠す」にチェックを付けても、そのセルを選択すると、数式バーに実際の数値が表示されます。ここでは、セルの内容が数式バーに表示されないように設定し、ワークシートを保護して入力済みのデータを変更できないようにします。

1 セルの［書式設定］を実行する

［F6:F15］のセル範囲をドラッグし、さらにCtrlキーを押しながら［I6:I15］、［I19:I26］のセル範囲をドラッグして選択し❶、［ホーム］タブをクリックします❷。［セル］グループの［書式］をクリックし❸、［セルの書式設定］をクリックします❹。

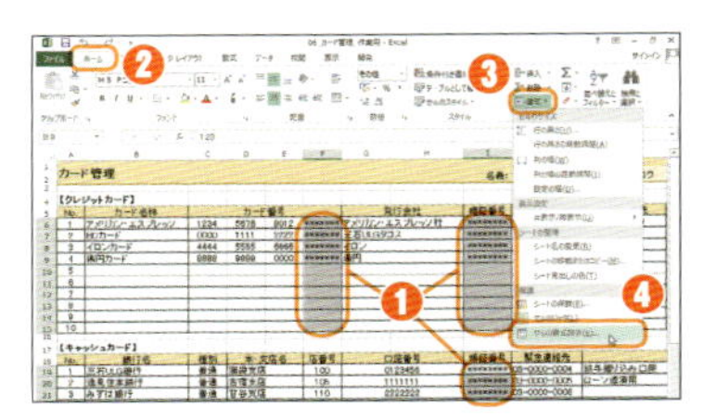

2 数式バーに表示されない設定に変更する

［セルの書式設定］ダイアログボックスで、［保護］タブをクリックし❶、［表示しない］をクリックしてチェックを付け❷、［OK］をクリックします❸。

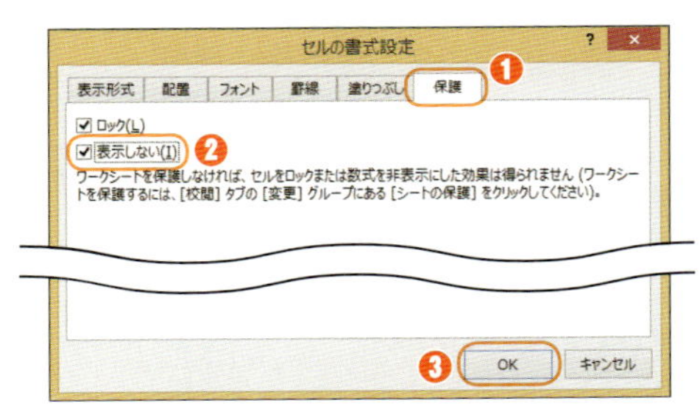

3 ワークシートの保護を実行する

［ホーム］タブをクリックし❶、［セル］グループの［書式］をクリックして❷、［シートの保護］をクリックします❸。

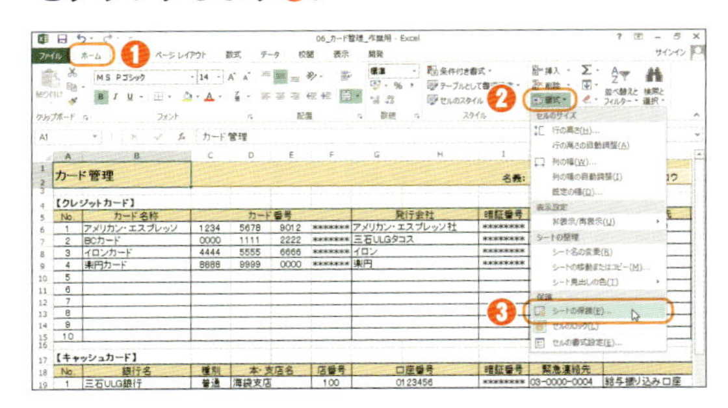

4 パスワードを指定して保護する

［シートの保護］ダイアログボックスで、パスワードを入力して❶、ユーザーに許可する操作を設定し❷、［OK］をクリックします❸。確認のためにもう一度パスワードを入力すると、ワークシートが保護されます。

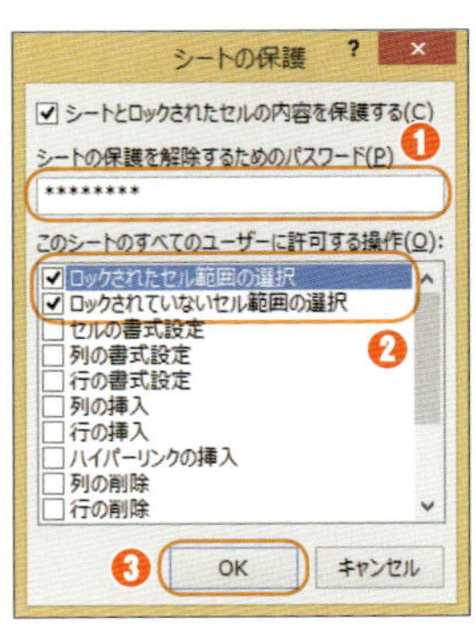

覚えておこう ワークシートの保護を解除するには？

上記の手順でワークシートを保護すると、セルのデータの変更などの操作が行えなくなり、「暗証番号」のセルを選択しても、その内容が数式バーに表示されなくなります。保護を解除したい場合は、［ホーム］タブの［セル］グループの［書式］から［シート保護の解除］をクリックし、表示される［シート保護の解除］ダイアログボックスにパスワードを入力します❶。

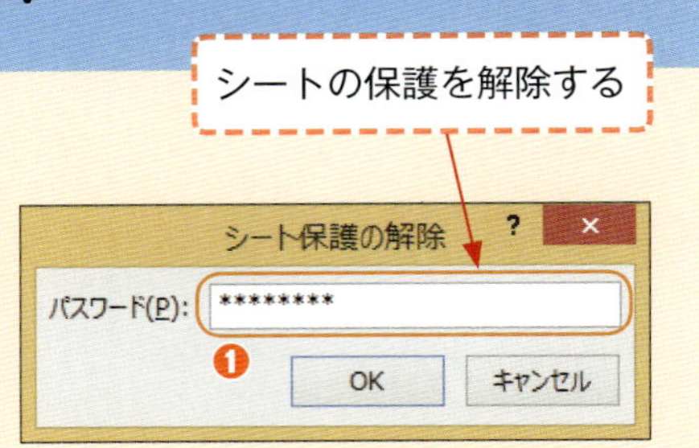

長期ローンの月々の返済額を試算する

住宅ローン シミュレーション

07_住宅ローンシミュレーション.xlsx

住宅購入などによる多額の借入金で、返済方法と返済回数、金利などの条件を指定して、月々の返済額がおよそいくらになるかをシミュレーションするブックです。

やってみよう

ローンのシミュレーション

ここでは、住宅ローンシミュレーションの使用手順を説明します。まず返済方式を選び、その他の条件を入力して、表示年を選びます。

Point

返済方式を選択

ローンの返済方式として、「元利均等払い」と「元金均等払い」のいずれかを選択できます。

Point

表示年を選択

指定した「返済年数」に応じて、表示対象となる年を、リストから選択できます。

➡ p.93

Point

実際のローンとの誤差

整数で表示していますが、実際には小数点以下の端数は処理していません。その他の要因もあり、実際のローン計算とは多少の誤差が生じる場合があります。

住宅ローンシミュレーション

返済方式	元利均等払い	返済開始年月	2014（平成26）年10月

購入物件	マンション	借入金額	¥39,000,000
購入金額	¥42,000,000	うちボーナス時返済分	¥6,000,000
頭金	¥3,000,000	うち月々の返済分	¥33,000,000

返済年数	30	総支払額	¥44,527,345
金利（年利）	0.90%		

表示年を選択	2年目	前年までの支払額累計	¥1,484,245
前年までの支払元金累計	¥1,137,602	前年までの支払額残金	¥43,043,100
前年までの支払利息累計	¥346,643	当年までの支払額残金	¥41,558,855

支払月	支払額	うち元金分	うち利息分
2015（平成27）年10月	¥104,632	¥80,604	¥24,028
2015（平成27）年11月	¥104,632	¥80,664	¥23,968
2015（平成27）年12月	¥104,632	¥80,725	¥23,907
2016（平成28）年1月	¥104,632	¥80,785	¥23,847
2016（平成28）年2月	¥104,632	¥80,846	¥23,786
2016（平成28）年3月	¥104,632	¥80,907	¥23,725
2016（平成28）年4月	¥104,632	¥80,967	¥23,665
2016（平成28）年5月	¥104,632	¥81,028	¥23,604
2016（平成28）年6月	¥104,632	¥81,089	¥23,543
2016（平成28）年7月	¥104,632	¥81,150	¥23,482
2016（平成28）年8月	¥104,632	¥81,211	¥23,422
2016（平成28）年9月	¥104,632	¥81,271	¥23,361
ボーナス1	¥114,330	¥88,118	¥26,212
ボーナス2	¥114,330	¥88,515	¥25,816
合計	¥1,484,245	¥1,147,880	¥336,365

やってみよう ローンの月々の返済額を試算する

実際に住宅ローンのシミュレーションを行ってみましょう。ここでは、「購入物件」と「購入金額」、「頭金」、および「ボーナス時返済分」をあらかじめ入力した状態から作業を開始します。ローンの条件は、元利均等払いで返済期間は30年、年0.9%の固定金利です。

1 返済方式を選択する

[B3] セルを選択し、▼ をクリックして、[元利均等払い] をクリックします❶。

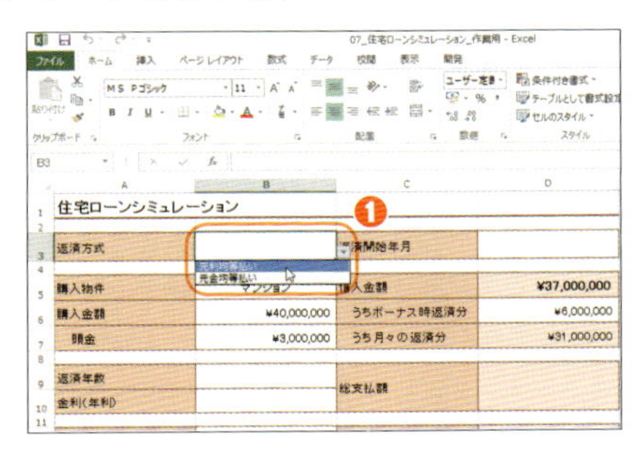

2 返済開始年月を入力する

[D3] セルを選択し、「2014/10」と入力します❶。「2014/10/1」という日付データとして入力され、表示形式の設定により「2014（平成26）年10月」と表示されます。

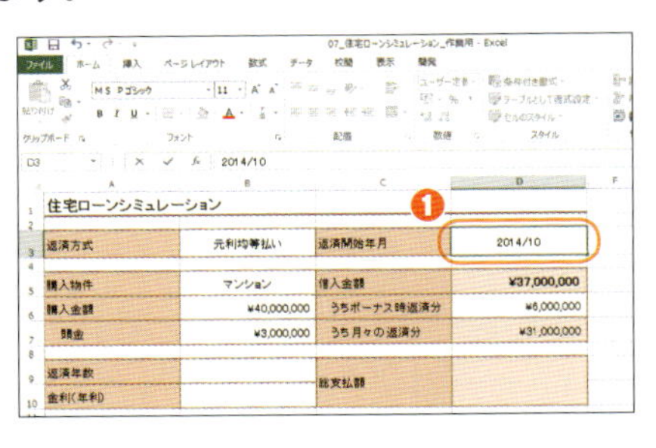

3 返済年数と金利を入力する

[B9] セルを選択し、「30」と入力します❶。さらに [B10] セルを選択し、「0.9」と入力します❷。表示形式の設定により「0.90%」と表示されます。

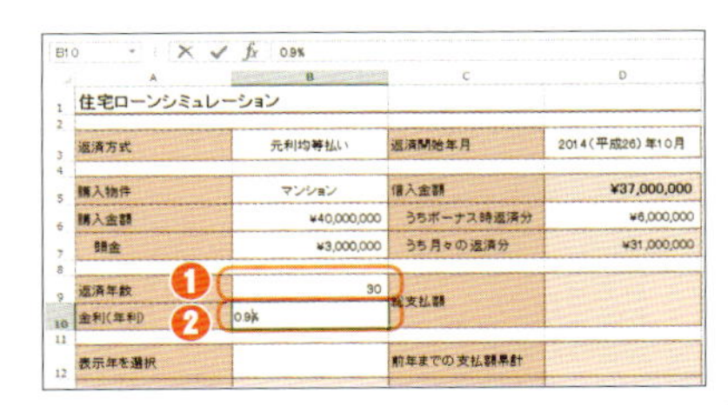

4 表示年を選択する

[B12] セルを選択し❶、▼ をクリックして、「2」をクリックします❷。これで、返済開始から2年目の各月の返済額の一覧が表示されます。

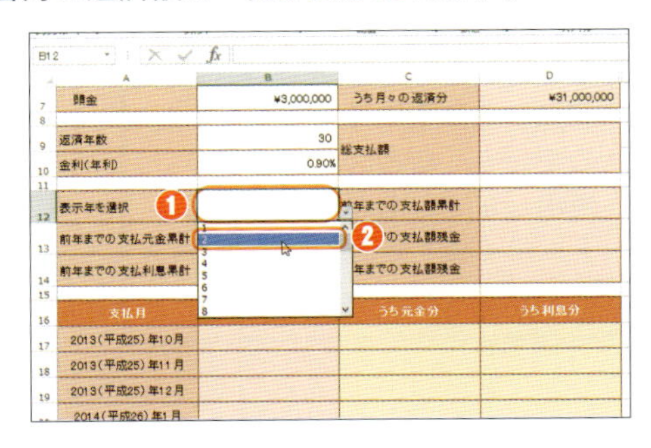

覚えておこう 元金均等払いでの返済額を試算してみよう

元金均等払いでの返済額を確認する

一般的な「元利均等払い」のほかに「元金均等払い」を選択することもできます。元金と利息を合わせて毎月一定額を返済していく元利均等払いに対し、元金均等払いは毎月一定額の元金と、徐々に減っていく利息を合わせて返済するものです。元金均等払いのほうがトータルでの利息は少なくなりますが、その分、特に初期は負担が大きくなります。

家庭で計測できる健康情報を記録してグラフで表示する

体重や血圧を記録する健康管理

08_健康管理.xlsx

体脂肪率も測れる体重計や血圧計などは、今や一般家庭にも広く普及しています。このブックでは、家庭で計測した健康情報を記録し、その変化をグラフで確認できます。

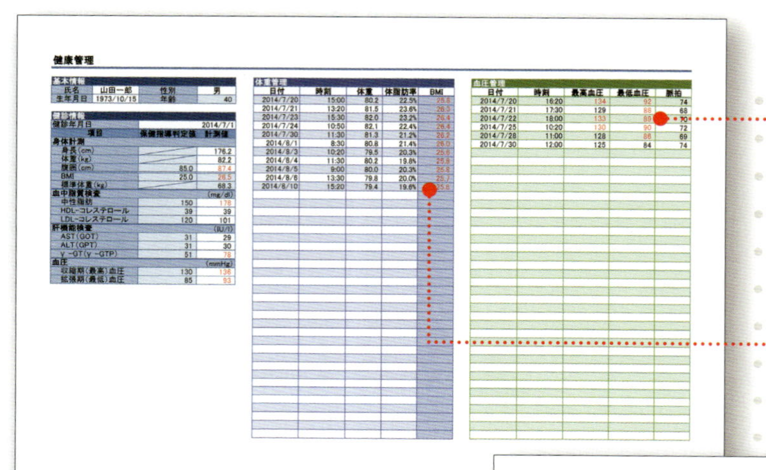

Point 「要注意」は赤く表示

各計測値が「保健指導判定値」を超えている場合、「条件付き書式」によって、自動的に赤い文字で表示されます。➡ p.90

Point BMI値を自動計算

身長と体重の計測値から、数式でBMI（肥満の度合いを表す指標）値を自動的に計算して表示します。

体重記録

	1	2	3	4	5	6	7	8	9	10
日付	2014/7/21	2014/7/23	2014/7/24	2014/7/30	2014/8/1	2014/8/3	2014/8/4	2014/8/5	2014/8/6	2014/8/10
体重	81.5	82.0	82.1	81.3	80.8	79.5	80.2	80.0	79.8	79.4
体脂肪率	23.6%	23.2%	22.4%	21.2%	21.4%	20.3%	19.8%	20.3%	20.0%	19.6%

やってみよう 計測値からグラフ作成

記録した体重や体脂肪率、血圧の変化を「散布図」のグラフで表示します。なお、日付は必ず下へいくほど新しくなるように入力してください。

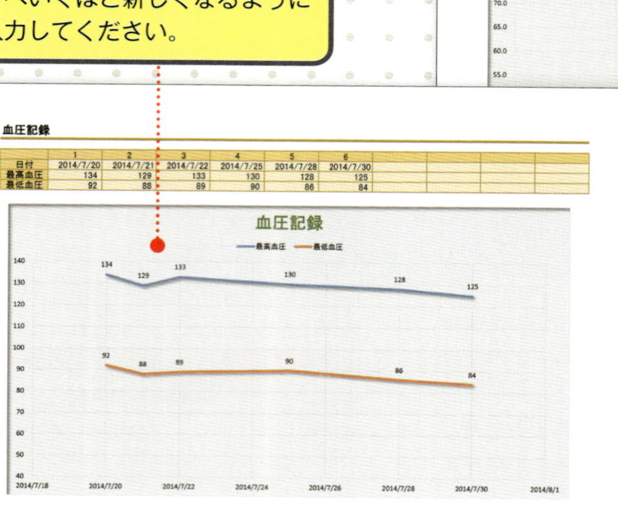
血圧記録

	1	2	3	4	5	6
日付	2014/7/20	2014/7/21	2014/7/22	2014/7/25	2014/7/28	2014/7/30
最高血圧	134	129	133	130	128	125
最低血圧	92	88	89	90	86	84

Point 最新10回分を自動表示

「体重グラフ」シート、「血圧グラフ」シートとも、「計測記録」シートに記録した最新10回分の日付と計測値が自動的に表示されます。

やってみよう 血圧の記録を「散布図」グラフで表示する

「血圧グラフ」シートで、実際に散布図のグラフを作成してみましょう。完成した作例ではグラフの書式を細かく設定していますが、ここでは散布図を作成して既存のスタイルを適用し、グラフタイトルを設定するところまでの操作を解説します。

1 散布図を作成する

「血圧グラフ」シートを開き、[A4:K4] のセル範囲を選択し、さらに Ctrl キーを押しながら [A5:K6] のセル範囲を選択します❶。[挿入] タブをクリックし❷、[グラフ] グループの [散布図 (x,y) またはバブルチャートの挿入] をクリックして❸、[散布図 (直線)] をクリックします❹。

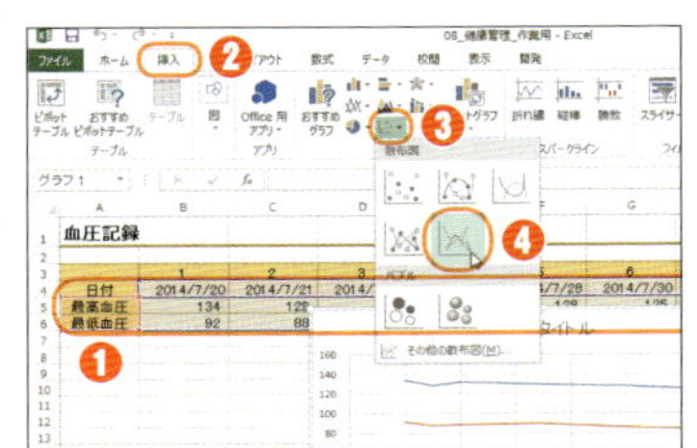

2 位置とサイズを調整する

グラフ内の何もない部分をドラッグすると、グラフの位置を移動できます。また、グラフの四隅または上下左右の点 (サイズ変更ハンドル) をドラッグすると、グラフの大きさを変更できます❶。

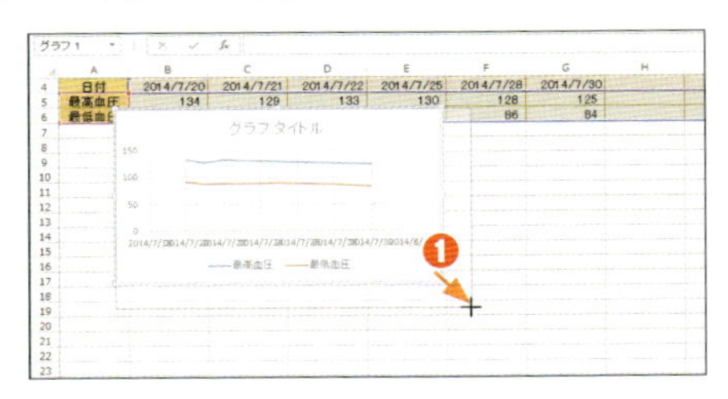

3 グラフのスタイルを適用する

グラフが選択されている状態で、[グラフツール] の [デザイン] タブをクリックし❶、[グラフスタイル] グループの [スタイル2] をクリックします❷。

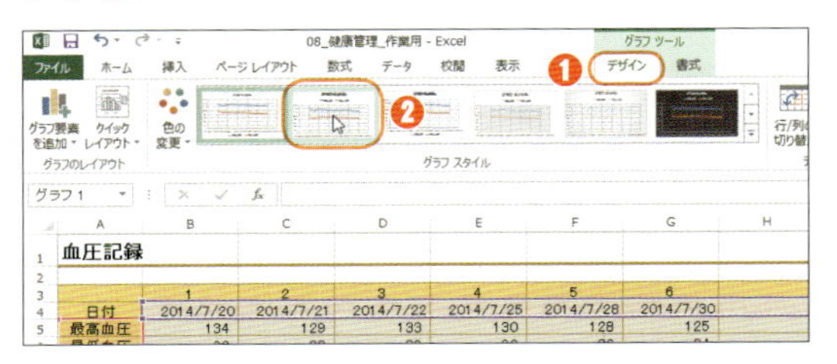

4 グラフタイトルを指定する

グラフタイトルをクリックし❶、数式バーに「=」と入力して❷、[A1] セルをクリックし❸、Enter キーを押します。これでグラフタイトルがセルにリンクされ、後で [A1] セル内のタイトルを変更すると、自動的にグラフタイトルが同じ内容に変化します。

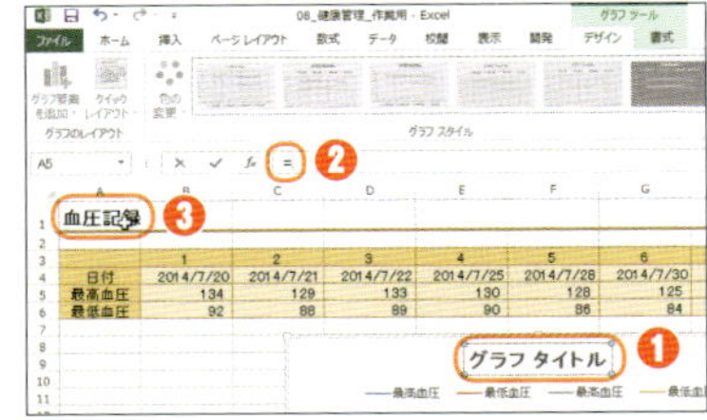

グラフ上にデータの数値を表示するには？

散布図上の各点にその数値を表示させたい場合は、グラフが選択されている状態で、[グラフツール] の [デザイン] タブで、[グラフのレイアウト] グループの [グラフ要素を追加] をクリックし❶、[データラベル] から、データラベルを表示させたい位置をクリックします❷。エクセル2010の場合は、[グラフツール] の [レイアウト] タブの [ラベル] グループの [データラベル] から、やはり表示させたい位置をクリックします。

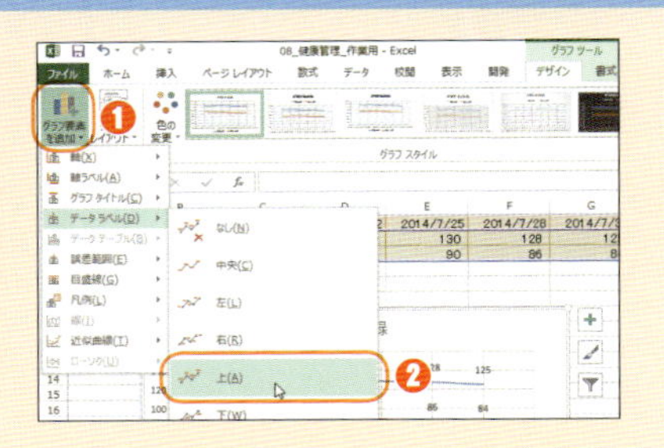

歩数から歩いた距離や消費カロリーを自動計算する

歩数を管理するウォーキング記録

09_ウォーキング記録.xlsx

歩数計などで計った1日の歩数から、歩いた距離や消費カロリーなどを計算します。また、目標に設定した距離を現在どこまで達成しているかも、ひと目でわかります。

Point 身長から「歩幅」を計算

入力した身長に基づいて、1歩当たりの歩幅の目安を自動的に計算します。ここでは、歩幅は「身長×0.45」で求めています。

➡ p.98

Point 距離や累積歩数を自動表示

毎日入力する歩数に応じて、「距離」や「累積歩数」、「累積距離」、「消費カロリー」を数式で求めて表示します。

ウォーキング記録

年	2015	身長(cm)	175.0	目標(km)	300	現在の距離(km)	137.1	達成率:45.7%
月	5	歩幅(cm)	78.8					

日	曜日	歩数	体重(kg)	距離(km)	累積歩数	累積距離(km)	消費カロリー	歩数グラフ
1	金	8,000	67.5	6.3	8,000	6.3	425	
2	土	7,500	67.3	5.9	15,500	12.2	397	
3	日	12,000	67.0	9.5	27,500	21.7	633	
4	月	8,625	67.0	6.8	36,125	28.4	455	
5	火	10,000	66.8	7.9	46,125	36.3	526	
6	水	6,830	66.8	5.4	52,955	41.7	359	
7	木	12,330	66.8	9.7	65,285	51.4	649	
8	金	7,824	66.9	6.2	73,109	57.6	412	
9	土	7,870	66.9	6.2	80,979	63.8	415	
10	日	11,986	66.8	9.4	92,965	73.2	631	
11	月	7,321	66.7	5.8	100,286	79.0	385	
12	火	9,560	66.7	7.5	109,846	86.5	502	
13	水	5,420	66.8	4.3	115,266	90.8	285	
14	木	13,200	66.9	10.4	128,466	101.2	695	
15	金	5,586	67.0	4.4	134,052	105.6	295	
16	土	12,000	66.9	9.5	146,052	115.0	632	
17	日	8,500	66.9	6.7	154,552	121.7	448	
18	月	9,403	66.8	7.4	163,955	129.1	495	
19	火	10,198	66.7	8.0	174,153	137.1	536	
20	水							
21	木							
22	金							
23	土							
24	日							
25	月							
26	火							
27	水							
28	木							
29	金							
30	土							
31	日							

Point セル内にグラフ表示

「条件付き書式」の「データバー」の機能で、その日の歩数や設定した「目標距離」に対する達成率を、セル内に棒グラフとして表示しています。

➡ p.108

食事メニューを記録してカロリーを管理する

1カ月分記録する 毎日の食事管理

10_毎日の食事管理.xlsx

朝昼晩の三食および間食の食事メニューとそのカロリーを、1カ月分記録できます。体重から1日分の消費カロリーの目安を求め、さらに目標の摂取カロリーを設定します。

Point 曜日の自動表示

指定した年・月に応じて、各日の曜日が自動的に表示されます。土・日の場合は文字色も変わります。 ➡ p.39・p.112

Point 1日の消費カロリー

入力した体重を元に、1日の消費カロリーの目安が表示されます。これを参考に、1日の目標摂取カロリーを入力します。 ➡ p.98

毎日の食事管理

2014 年
10 月

体重(kg)	1日の消費カロリー(目安)	目標摂取カロリー(1日)
78.5	2,355	2,200

日	曜	朝		昼		間食		夜		摂取可能カロリー	摂取カロリー合計(1日)	コメント
		献立	kcal	献立	kcal	品名	kcal	献立	kcal			
1	水	ご飯、納豆、目玉焼き、味噌汁	480	かつ丼、味噌汁	900	どら焼き	199	ご飯、ハンバーグ、スープ、サラダ	700	-79	2,279	
2	木	ご飯、焼き魚、味噌汁、漬物	460	カレーライス	830	バナナ	86	天丼、味噌汁	690	134	2,066	
3	金	食パン、牛乳、りんご	556	ざるそば	323			すし、味噌汁	713	608	1,592	今日はかなり抑えられた
4	土			ラーメン	547	ドーナツ	500	ご飯、野菜炒め、サラダ、味噌汁	783	370	1,830	
5	日	食パン、オムレツ、野菜ジュース	663	牛丼	681			ご飯、焼き魚、煮物、味噌汁	869	-13	2,213	
6	月	サンドイッチ、トマトサラダ	632	親子丼	685			焼肉	1,015	-132	2,332	久しぶりの焼肉で、少し食べ過ぎた
7	火	ご飯、納豆、サラダ、味噌汁	554	焼きそば	597	どら焼き	199	もつ鍋、うどん	850	0	2,200	
8	水	食パン、牛乳、りんご	556	から揚げ定食	837			ご飯、煮物、漬物、味噌汁	587	220	1,980	
9	木											
10	金											
11	土											
12	日											
13	月											
14	火											
15	水											
16	木											
17	金											

Point カロリーの入力

カロリーを自動的に計算する機能はないので、本やネットなどで調べて入力します。なお、1日で最も高いカロリーは赤字で表示されます。 ➡ p.90

Point 毎日の摂取カロリー

入力した1日分の摂取カロリーの合計が表示され、目標摂取カロリーとの差が「摂取可能カロリー」として表示されます。 ➡ p.98

材料や予算に応じて献立を選べる

料理を記録する献立データベース

11_献立データベース.xlsx

献立のレパートリーを記録するデータベースです。レシピではなく、材料や予算といった情報に基づいて、今日の献立を何にするか考えるために利用します。

やってみよう 調理法などで探せる

「調理法」や「ジャンル」、「材料」、「予算」などでフィルターすることで、今日の献立候補を絞り込めます。

Point 画像ファイルの保管場所

「画像ファイル」で指定したファイルを保管しているフォルダーのパス（ドライブ名とフォルダーの階層を表したもの）を指定します。

献立データベース

画像保管フォルダー C:¥Users¥和人¥Pic

料理名	調理法	ジャンル	材料	1人分予算	調理時間	前回
カレーライス	煮る・茹でる	肉	豚肉、玉ねぎ、じゃがいも、にんじん	120円	30分	201
ハンバーグ	焼く・炒める	肉	合挽き肉、玉ねぎ、玉子、パン粉、牛乳	300円	40分	201
唐揚げ	揚げる	肉	鶏肉、片栗粉、生姜、にんにく	250円	30分	201
さばの味噌煮	煮る・茹でる	魚介類	さば、生姜、ねぎ	200円	20分	201
肉野菜炒め	焼く・炒める	肉	豚肉、もやし、キャベツ、しいたけ、ピーマン	250円	15分	20
餃子	焼く・炒める	その他	豚ひき肉、キャベツ、にら、生姜、にんにく	150円	40分	201
手巻き寿司	生食	魚介類	刺身、きゅうり、玉子、納豆、アボカド、海苔	600円	20分	201

Point リストで選んで入力

「調理法」や「ジャンル」は、セルを選択すると表示される▼をクリックし、表示される選択肢から選んで入力できます。 ➡ p.93

やってみよう

フィルターで献立を絞り込む

テーブルの各列の見出しセルに表示されているフィルターの▼で、その列のデータが、指定した条件に該当する行だけを表示させることが可能です。ここでは、「1人分予算」が200円以下の献立だけを表示させてみましょう。

1 数値のフィルターを実行する

「1人分予算」列の▼をクリックし❶、[数値フィルター] から [指定の値以下] をクリックします❷。

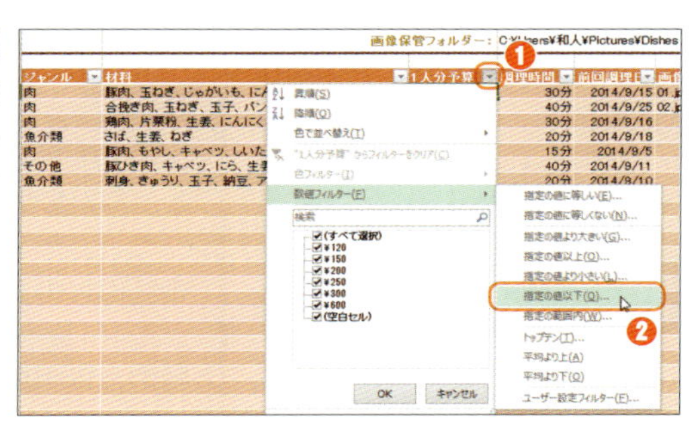

2 オートフィルターオプションを設定する

[オートフィルターオプション] ダイアログボックスの左上の入力欄に「200」と入力し❶、[OK] をクリックすると❷、「1人分予算」が200円以下の行だけが表示され、その他の行は非表示になります。

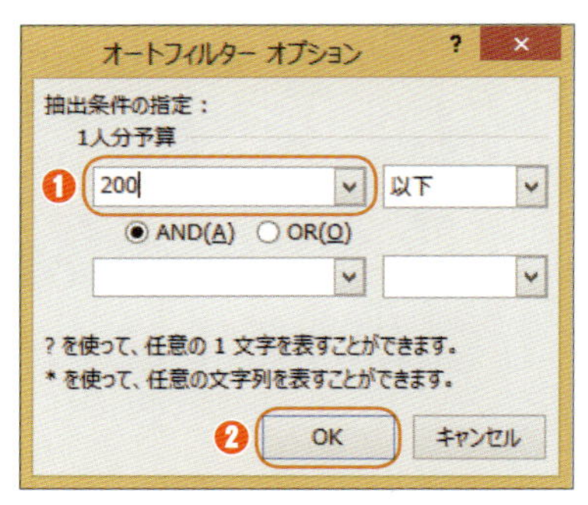

Point クリックで画像を表示

撮影した画像がある場合、その保管場所とファイル名を記録しておけば、「表示」をクリックして表示できます。

➡ p.101

Point 最近作っていない順に表示

「前回調理日」列を基準に昇順で並べ替えると、最近作っていなかった献立の順に表示されます。

➡ p.89

覚えておこう その他の条件でフィルターを実行してみよう

ここでは数値が入力された列を対象にフィルターを実行していますが、文字列が入力された列の場合は、▼をクリックし、[テキストフィルター] から [指定の値で始まる] や [指定の値を含む] などを選択できます❶。なお、設定したフィルターを解除してすべてのデータを表示させるには、▼から [“○○” からフィルターをクリア] などをクリックします。

文字列データに対してフィルターを実行する

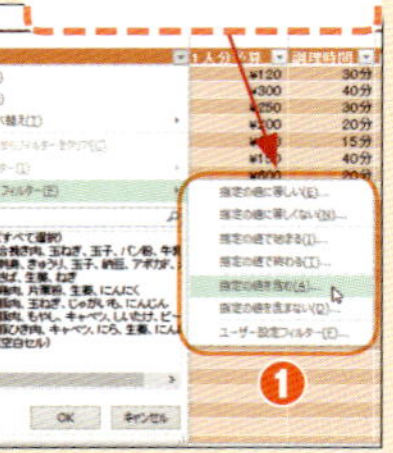

子どもの成長を画像とグラフで視覚的に表示する

発育の過程が目に見える成長記録

12_成長記録.xlsx

出生時、および乳幼児検診などで計測した身長や体重を記録して、グラフとして表示します。デジカメなどで撮影した写真も表示させることも可能です。

Point

「○年○カ月」を自動表示

「誕生日」と、記録した日付から、その時点で何年何カ月かを数式で求め、自動的に表示します。

➡ p.61

Point

図形上に画像を表示

「画像」の行に配置されている「正方形/長方形」の図形をクリックし、[描画ツール] の [書式] タブの [図形のスタイル] グループの [図形の塗りつぶし] をクリックし、[図] をクリックすると、図形上に画像を表示できます。

Point

入力件数は12回まで

このシートに記録できるのは12回（出生時も入れると13回）分までです。それ以降を記録したい場合は、このシートをコピーして、改めて記録を開始してください。

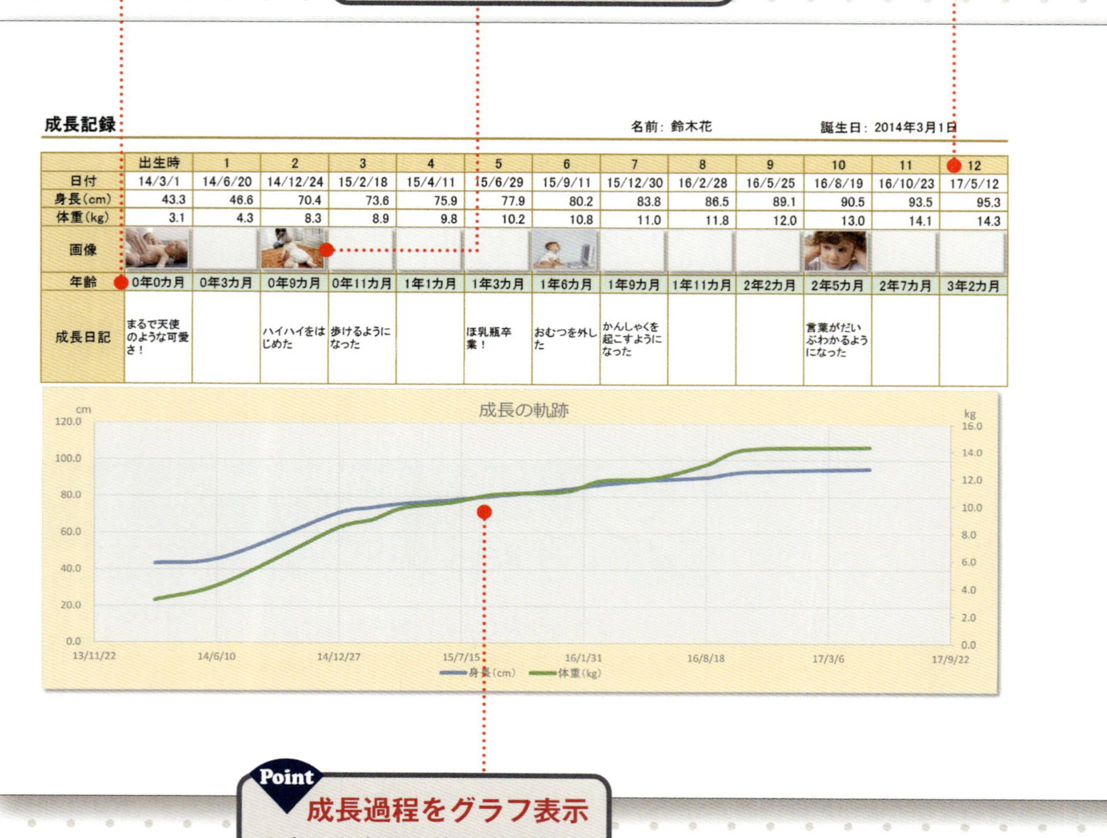

成長記録　　名前：鈴木花　　誕生日：2014年3月1日

	出生時	1	2	3	4	5	6	7	8	9	10	11	12
日付	14/3/1	14/6/20	14/12/24	15/2/18	15/4/11	15/6/29	15/9/11	15/12/30	16/2/28	16/5/25	16/8/19	16/10/23	17/5/12
身長(cm)	43.3	46.6	70.4	73.6	75.9	77.9	80.2	83.8	86.5	89.1	90.5	93.5	95.3
体重(kg)	3.1	4.3	8.3	8.9	9.8	10.2	10.8	11.0	11.8	12.0	13.0	14.1	14.3
画像													
年齢	0年0カ月	0年3カ月	0年9カ月	0年11カ月	1年1カ月	1年3カ月	1年6カ月	1年9カ月	1年11カ月	2年2カ月	2年5カ月	2年7カ月	3年2カ月
成長日記	まるで天使のような可愛さ！		ハイハイをはじめた	歩けるようになった		ほ乳瓶卒業！	おむつを外した	かんしゃくを起こすようになった			言葉がだいぶわかるようになった		

Point

成長過程をグラフ表示

入力した身長と体重の記録が、「散布図」のグラフとして表示されます。

➡ p.31

旅行に必要な情報を 1 枚にまとめて管理する

行程と持ち物の旅行チェックリスト

旅行の基本情報と旅行会社、宿泊するホテル、行動予定、持ち物などを 1 シートにまとめ、忘れ物のチェックなどに利用します。印刷して持ち歩いても便利です。

Point

日付の入力

「行動予定」表に入力した日付は、上と同じ場合は「〃」と表示されます。上と違う日付を入力すると、自動的に濃い罫線が上に引かれます。 ➡ p.91

Point

費用の計算

あらかじめ想定した予定の費用と、実際にかかった費用について、それぞれ合計が表示されます。 ➡ p.98

Point

持ち物のチェック

持ち物とその所持者を入力しておきます。「出発時」と「帰宅時」でそれぞれチェックでき、そのつど文字色が変化します。 ➡ p.120

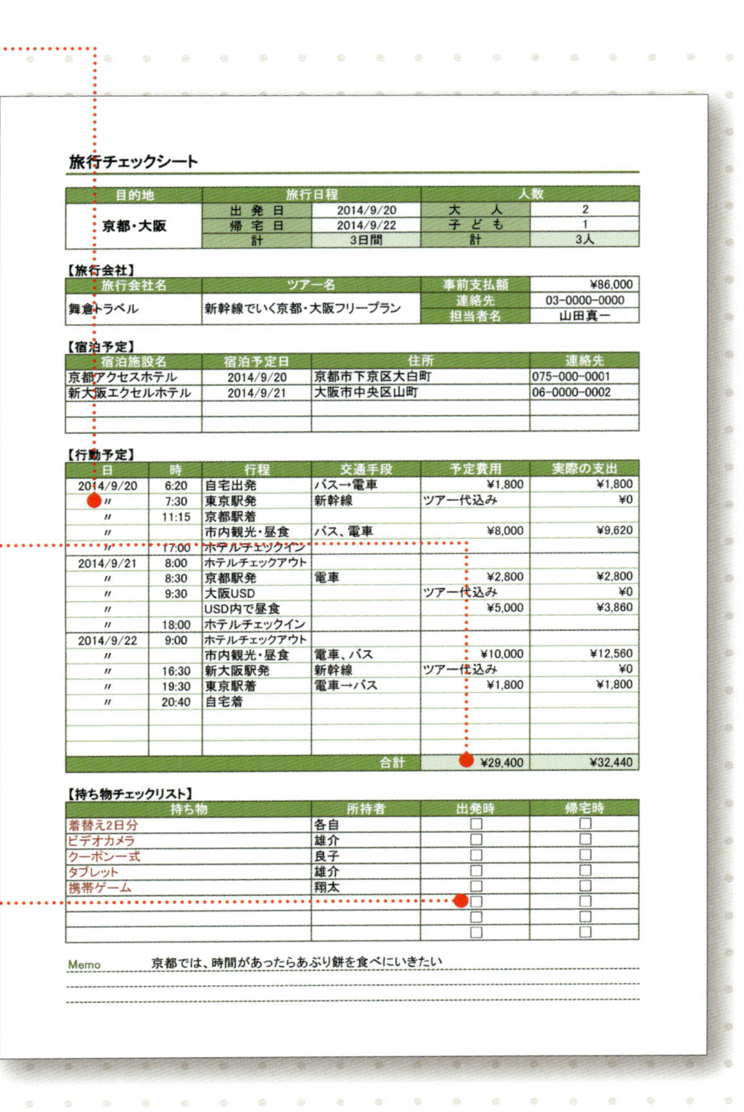

旅行チェックシート

目的地	旅行日程		人数	
京都・大阪	出発日	2014/9/20	大人	2
	帰宅日	2014/9/22	子ども	1
	計	3日間	計	3人

【旅行会社】

旅行会社名	ツアー名	事前支払額	¥86,000
舞倉トラベル	新幹線でいく京都・大阪フリープラン	連絡先	03-0000-0000
		担当者名	山田真一

【宿泊予定】

宿泊施設名	宿泊予定日	住所	連絡先
京都アクセスホテル	2014/9/20	京都市下京区大白町	075-000-0001
新大阪エクセルホテル	2014/9/21	大阪市中央区山町	06-0000-0002

【行動予定】

日	時	行程	交通手段	予定費用	実際の支出
2014/9/20	6:20	自宅出発	バス→電車	¥1,800	¥1,800
〃	7:30	東京駅発	新幹線	ツアー代込み	¥0
〃	11:15	京都駅着			
〃		市内観光・昼食	バス、電車	¥8,000	¥9,620
〃	17:00	ホテルチェックイン			
2014/9/21	8:00	ホテルチェックアウト			
〃	8:30	京都駅発	電車	¥2,800	¥2,800
〃	9:30	大阪USD		ツアー代込み	¥0
〃		USD内で昼食		¥5,000	¥3,860
〃	18:00	ホテルチェックイン			
2014/9/22	9:00	ホテルチェックアウト			
〃		市内観光・昼食	電車、バス	¥10,000	¥12,560
〃	16:30	新大阪駅発	新幹線	ツアー代込み	¥0
〃	19:30	東京駅着	電車→バス	¥1,800	¥1,800
〃	20:40	自宅着			
			合計	¥29,400	¥32,440

【持ち物チェックリスト】

持ち物	所持者	出発時	帰宅時
着替え2日分	各自	□	□
ビデオカメラ	雄介	□	□
クーポン一式	良子	□	□
タブレット	雄介	□	□
携帯ゲーム	翔太	□	□
		□	□
		□	□
		□	□

Memo　京都では、時間があったらあぶり餅を食べにいきたい

公私の予定をまとめて管理できる

ビジュアルなスケジュール表

14_スケジュール表.xlsx

仕事や個人の予定を、一括して記録しておけるスケジュール表です。予定とその期間を「リスト」シートに入力すると、「月間予定表」シートに各期間が図示されます。

Point 予定をビジュアルに表示

「リスト」シートに入力した予定の期間が「月間予定表」シートにビジュアルに表示されます。記号と色は「公」「私」、「単発」「継続」の指定によって変わります。

Point 完了した予定はグレー表示

「完了」列にリストから「済」を入力すると、「条件付き書式」の機能により、その行がグレーで表示されます。 ➡ p.91

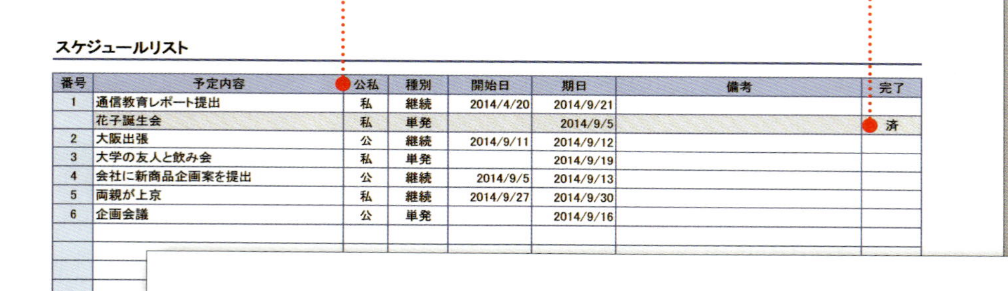

スケジュールリスト

番号	予定内容	公私	種別	開始日	期日	備考	完了
1	通信教育レポート提出	私	継続	2014/4/20	2014/9/21		
	花子誕生会	私	単発		2014/9/5		済
2	大阪出張	公	継続	2014/9/11	2014/9/12		
3	大学の友人と飲み会	私	単発		2014/9/19		
4	会社に新商品企画案を提出	公	継続	2014/9/5	2014/9/13		
5	両親が上京	私	継続	2014/9/27	2014/9/30		
6	企画会議	公	単発		2014/9/16		

月間スケジュール　　2014 年 9 月

予定内容	1	2	3	4	5	6	7	8	9	10	11	12	13	14	15	16	17	18	19	20	21	22	23	24	25	26	27	28	29	30
	月	火	水	木	金	土	日	月	火	水	木	金	土	日	月	火	水	木	金	土	日	月	火	水	木	金	土	日	月	火
通信教育レポート提出	▷	▷	▷	▷	▷	▷	▷	▷	▷	▷	▷	▷	▷	▷	▷	▷	▷	▷	▷	▷	▷									
大阪出張											▶	▶																		
大学の友人と飲み会																			○											
会社に新商品企画案を提出					▶	▶	▶	▶	▶	▶	▶	▶	▶																	
両親が上京																											▷	▷	▷	▷
企画会議																●														

やってみよう 曜日を自動表示する

指定した年と月に応じて、各日の曜日を自動的に表示します。これには数式を使用します。

Point 曜日に応じて文字色を変更

「月間予定表」シートの曜日の行では、「土」は青い文字で、「日」は赤い文字で表示します。 ➡ p.112

やってみよう 指定した年・月・日の曜日を自動的に表示する

「月間予定表」右上で指定した「年」と「月」で、1から31までの「日」に応じた曜日を自動的に表示させます。これを実現する方法はいくつかありますが、ここではまず数式で日付データを作成し、日付の表示形式で1文字の曜日を表示させます。

1 日付を求める数式を入力する

[F4] セルを選択し、「=DATE($AF$1,$AI$1,F3)」と入力します❶。この数式で、[AF1:AG1]の結合セルの「年」と [AI1] セルの「月」に対応する日付のデータが求められますが、最初はセル幅が狭いため「##」のように表示されます。

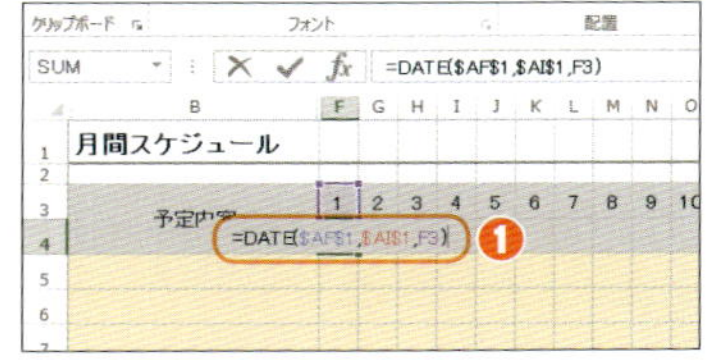

2 数式を入力したセルをコピーする

改めて [F4] セルを選択し、右下のフィルハンドルを [AJ4] セルまでドラッグして、数式をコピーします❶。

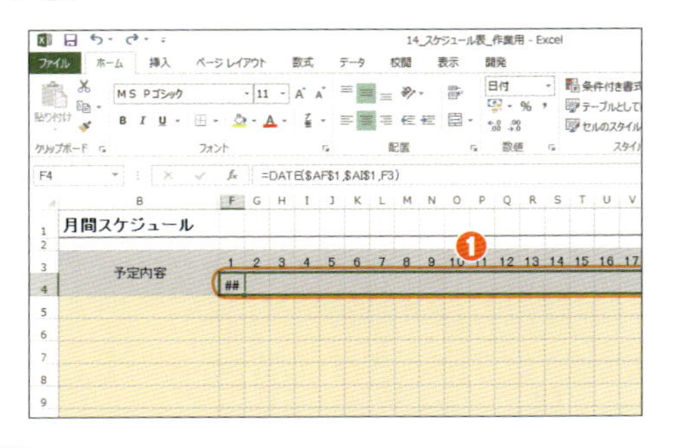

3 セルの表示形式を設定する

[F4:AJ4] のセル範囲が選択されている状態で、[ホーム] タブをクリックし❶、[数値] グループタイトル右の をクリックします❷。

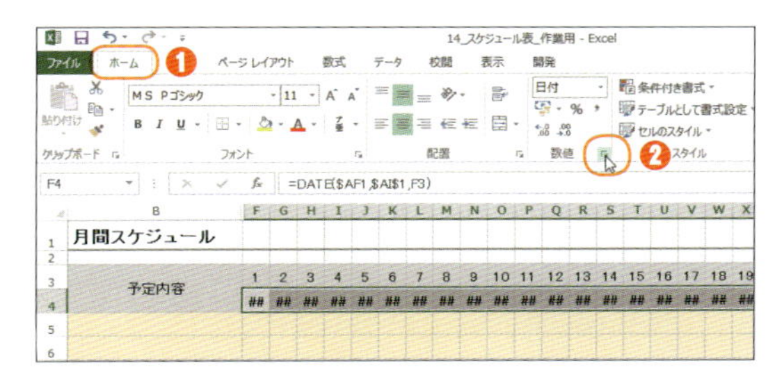

4 表示形式のユーザー定義で曜日を表示する

[セルの書式設定] ダイアログボックスの [表示形式] タブの [分類] 欄で「ユーザー定義」を選び❶、[種類] 欄に「aaa」と入力し❷、[OK] をクリックします❸。これで、選択範囲の日付が曜日を表す1文字の漢字で表示されます。

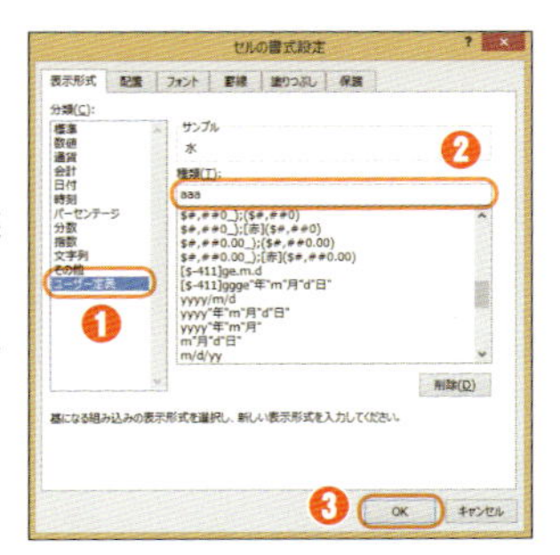

数式で日付データを求めるには？

ここでは、まず [F4] セルに入力した数式で、指定した年・月・日の日付データを求めています。そのために使用しているのがDATE関数です。ここではセルの幅が狭いため「##」のように表示されてしまっていますが、実際には「2014/9/1」のような日付データが作成されています。

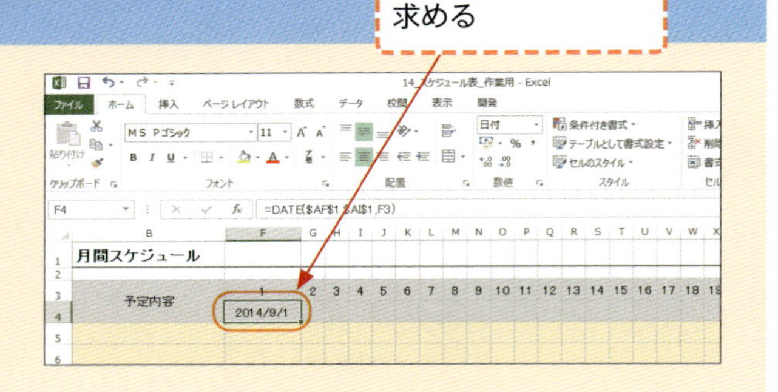

指定した年・月の前後の月まで表示する

ずっと使える万年カレンダー

15_カレンダー.xlsx

年と月をリストで選択すると、その月のカレンダーに切り替わります。その前月と翌月の小カレンダーや、あらかじめ設定した休日名も表示されます。

Point 年と月をリストで選択

「年」は現在年の前後5年分、「月」は1～12の中から1つ選ぶと、その月のカレンダーに切り替わります。

➡ p.93

Point 画像を変更する

装飾用の画像はほかの画像に変更できます。画像を選択し、[図ツール]の[書式]タブの[調整]グループの[図の変更]をクリックします。

2015 年　　5 月

May

Sun	Mon	Tue	Wed	Thu	Fri	Sat
26	27	28	29 昭和の日	30	1	2
3 憲法記念日	4 みどりの日	5 こどもの日	6 振替休日	7	8	9
10	11	12	13	14	15	16
17	18	19	20	21	22	23
24	25	26	27	28	29	30
31	1	2	3	4	5	6

2015年4月

sun	mon	tue	wed	thu	fri	sa
29	30	31	1	2	3	4
5	6	7	8	9	10	[illegible]
12	13	14	15	16	17	[illegible]
19	20	21	22	23	24	[illegible]
26	27	28	29	30	1	2
3	4	5	6	7	8	9

2015年6月

sun	mon	tue	wed	thu	fri	sa
31	1	2	3	4	5	6
7	8	9	10	11	12	[illegible]
14	15	16	17	18	19	[illegible]
21	22	23	24	25	26	[illegible]
28	29	30	1	2	3	4
5	6	7	8	9	10	[illegible]

☐ 休日一覧を非表示にする

休日一覧

日付	休日名
2015/1/1	元日
2015/1/12	成人の日
2015/2/11	建国記念の日
2015/3/21	春分の日
2015/4/29	昭和の日
2015/5/3	憲法記念日
2015/5/4	みどりの日
2015/5/5	こどもの日
2015/5/6	振替休日
2015/7/20	海の日
2015/9/21	敬老の日
2015/9/22	国民の休日
2015/9/23	秋分の日
2015/10/12	体育の日
2015/11/3	文化の日
2015/11/23	勤労感謝の日
2015/12/23	天皇誕生日

Point 休日を赤い文字で表示

「休日一覧」に入力した休日は、カレンダー内でも赤い文字で表示されます。また、その休日名も表示されます。

➡ p.112

やってみよう 休日設定を変更する

この万年カレンダーでは、あらかじめ設定した日付を休日として表示できます。国民の祝日だけでなく、店の休業日や個人的な休暇なども指定可能です。また、この「休日一覧」の領域を消して、メモ欄として印刷することもできます。

1 休日一覧に日付を追加する

「休日一覧」に、追加したい日付とその休日名を入力します❶。振替休日は自動的に表示されないので、「振替休日」と直接入力します❷。現在表示されている年・月内の日付の場合、カレンダー中の日付が赤く変化します❸。

2 休日一覧を非表示にする

「休日一覧を非表示にする」チェックボックスをクリックしてチェックを付けると❶、休日一覧が非表示になり、メモ欄として印刷できます。

Point 前後の月のカレンダー

指定した年・月の前後の月も、自動的に小さなカレンダーとして表示されます。

異なる年の休日に簡単に変更するには？

日付の年を置換する

ここでは2015年の休日一覧を入力していますが、年が変わると、これをすべて変更する必要があります。すべてを入力し直すのは大変な作業ですが、置換機能を利用して「2015」を「2016」などに置換し、そのうえで、「春分の日」のように年によって異なる日付を修正するのが、手間のかからない方法です。

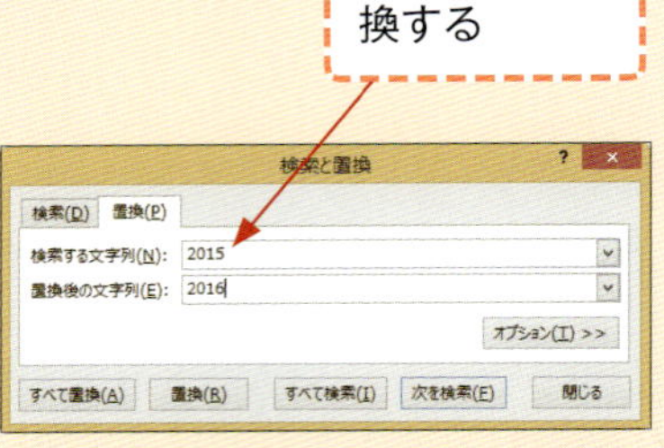

やってみよう 休日を指定する

このカレンダーでは、あらかじめ休日の日付とその休日名を入力しておきます。印刷時に休日一覧を非表示にすると、メモ欄として利用できるようになります。

1カ月間の人員配置状況を確認できる

各従業員の月間勤務予定表

16_月間勤務予定表.xlsx

複数の勤務時間帯がある店舗などで使える、各従業員の1カ月間の勤務予定表です。最大4つまでの勤務時間帯を設定でき、それぞれの人員配置状況も確認できます。

やってみよう　休日の列はグレーにする

休業日に「休」と表示させると、その日全体がグレーで表示されます。これを実現する「条件付き書式」の設定について解説します。

Point　曜日に応じて文字色が変化

表示されている曜日が「土」であれば青い文字で、「日」であれば赤い文字で表示されます。これも「条件付き書式」の機能によるものです。 ➡ p.112

Point　「年」と「月」から曜日を表示

西暦年と月を指定すると、1～31日のそれぞれの曜日が自動的に表示されます。

➡ p.39

パート・アルバイト月間勤務予定表

2014 年	9 月	勤務時間帯	A	10:00	～	15:00	B	12:00	～	17:00	C	15:00	～	20:00	D		～	

	日	1	2	3	4	5	6	7	8	9	10	11	12	13	14	15	16	17	18	19	20	21	22	23	24	25	26	27	28	29	30	備考
	曜	月	火	水	木	金	土	日	月	火	水	木	金	土	日	月	火	水	木	金	土	日	月	火	水	木	金	土	日	月	火	
	休						休	休						休	休	休					休	休		休				休	休			
	A	2	2	4	3	2			2	2	3	4	3				2	4	3	3			2		3	3	3			2	2	
	B	4	3	2	1	3			3	2	4	2	3				2	2	2	2			3		2	3	3			4	3	
	C	3	3	4	3	3			2	3	3	3	1				3	3	3	2			3		3	3	2			3	4	
従業員名																																
山田真一		A		A					A	A	A	A	A				A	A	A				A		A		A			A	A	
吉田義男		B	B	B	B	A					B		B				B	B		B			A		A	A	A			B	B	
鈴木加奈子		A	A	A					A	A		A						A	A	A						A				A	A	週3回
中村隆			B			B					B	B	B												B	B	B				B	18～22日まで帰省
石原健太郎		C	C	C	C	C			C	C	C	C					C	C	C	C			C		C	C	C			C	C	
加藤雄二		B		A	A	B			B		A	A	A					A	A	A			B		A	A	A			B		
水野洋子		C	C	C	C	C			C	C	C	C	C				C	C	C	C			C		C	C	C			C	C	
佐藤光彦		B	B	B	A	B			B	B	B	B	B				B	B	B	B			B		B	B	B			B	B	
高田綾香		C		C		C				B	B								B				C			B	B			C	C	
野村幸雄			A	A	A	A					A	A	A				A	A		A												9/19日で終了
浜本知美		B	C	C	C				B	C	C	C					C	C	C				B		C	C				B	C	

Point　リストから選択

「年」と「月」、および各従業員の各日の勤務時間帯を表す「A」などの文字は、いずれもドロップダウンリストから選択できます。 ➡ p.93

Point　時間帯ごとに人数を表示

勤務時間帯は4つまで設定でき、各合計人数が表示されます。時刻を指定しない時間帯は、「条件付き書式」によって斜線で塗りつぶされます。

やってみよう

休日に指定した列をグレー表示にする

「休日」の行のセルを選択すると ▼ が表示され、クリックして「休」の文字を入力できます。休日に指定された日は、自動的にその列全体の塗りつぶしの色がグレーになるようにします。このような効果は、「条件付き書式」の機能を使って実現します。

1 「条件付き書式」を実行する

[C5:AG26] のセル範囲を選択し❶、[ホーム] タブをクリックします❷。[スタイル] グループの [条件付き書式] をクリックし❸、[新しいルール] をクリックします❹。

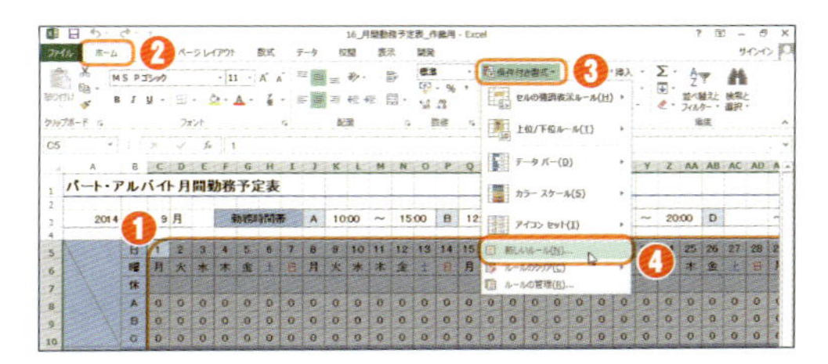

2 数式を入力する

[新しい書式ルール] ダイアログボックスで、ルールの種類として [数式を使用して、書式設定するセルを決定] をクリックし❶、数式として「=C$7="休"」と入力し❷、[書式] をクリックします❸。行番号の前だけに「$」を付けることで、各列の7行目のセルが判定対象となります。

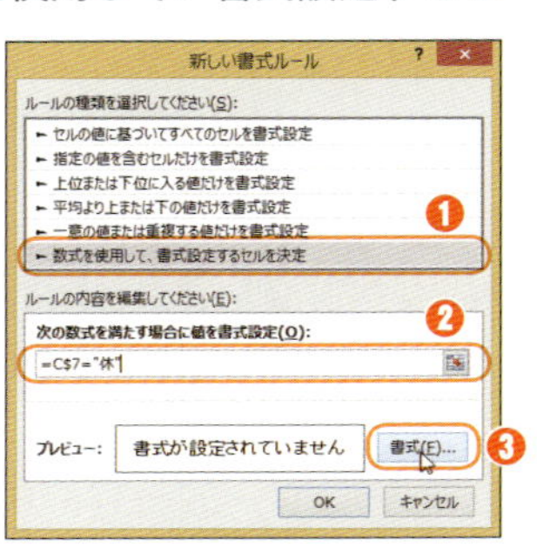

3 塗りつぶしの書式を設定する

[セルの書式設定] ダイアログボックスで [塗りつぶし] タブを表示し❶、設定したいグレーの色をクリックして❷、[OK] をクリックします❸。[新しい書式ルール] ダイアログボックスに戻り [OK] をクリックします。

4 休日を設定する

休日に設定する日付の「休日」行のセルをクリックし、▼ をクリックして [休] を選ぶと❶、その列全体がグレーで表示されます。

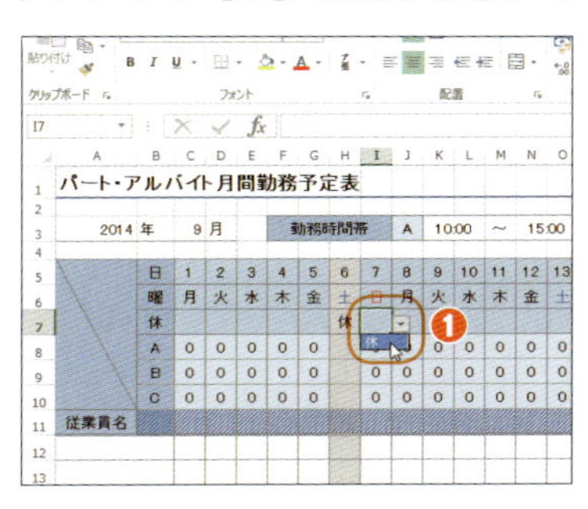

そのほかの条件付き書式の設定を確認するには？

このシートでは、休日のグレー表示以外にも、さまざまな目的で条件付き書式を設定しています。曜日が「土」であればその文字色を青に、「日」であれば赤にしたり、指定した月が31日までない場合はその日付の列を休日よりも濃いグレーで表示するなどしています。設定済みの条件付き書式は、[ホーム] タブの [スタイル] グループの [条件付き書式] から、[ルールの管理] をクリックすると確認できます。

[条件付き書式ルールの管理] ダイアログボックス

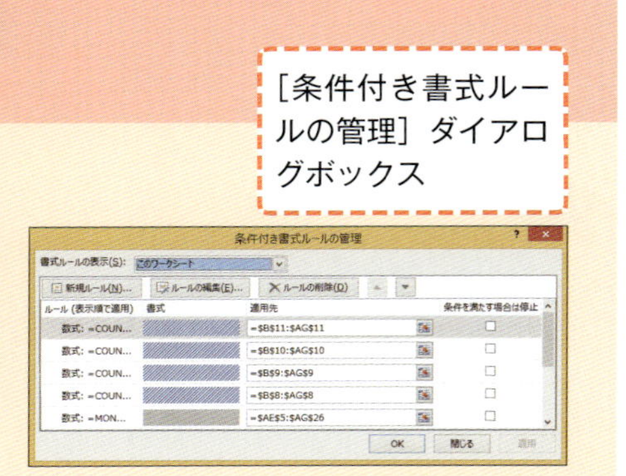

30分区切りで稼働人数が確認できる

週単位・時間単位の勤務シフト表

17_週間勤務シフト表.xlsx

1週間分の勤務可能時間を入力し、その中の特定の1日について、30分ごとに区切った時間帯別の稼働人数を確認できる勤務シフト表です。

やってみよう 勤務シフト表を使用する

「週間勤務シフト表」シートに1週間分の予定を入力し、「時間帯勤務シフト表」シートで稼働人数を確認する手順を解説します。

Point 1週間分の日付を自動表示

「日付指定」にチェックを付けて開始日を指定すると、その日から1週間分の日付が数式で自動的に表示されます。

Point 休業日に斜線を表示

「休業」のチェックボックスにチェックを付けると、「条件付き書式」の設定により、その日が斜線のパターンで塗りつぶされます。

➡ p.43

No.	氏名	2014/10/6(月) 休業				2014/10/7(火) 休業				2014/10/8(水) 休業				2014/10/9(木) ☑休業				2014/10/10(金) 休業				2014/10/11(土) 休業				2014/10/12(日) 休業			
		出	休	戻	退	出	休	戻	退	出	休	戻	退	出	休	戻	退	出	休	戻	退	出	休	戻	退	出	休	戻	退
1	山田 直人	10:30	13:00	14:00	19:30	11:30	14:00	15:00	20:30									11:00	13:30	14:30	20:00	10:30	13:00	14:00	19:30	16:00			22:00
2	伊藤 司郎	11:30	14:30	15:30	21:00	10:30	13:00	14:00	19:00	17:00			21:00									16:30			22:00				
3	斎藤 雄介	17:00			21:00					10:30	13:30	14:30	19:30					17:00			22:00	17:00			22:00	18:00			21:00
4	吉田 美知子					17:00			22:00	17:00			22:00					17:00			22:00	17:00			22:00	17:00			22:00
5	高橋 奈々	12:00	14:00	14:30	17:00	12:00	14:00	15:00	20:00									12:00	14:00	15:00	19:30	12:00	14:00	15:00	19:30				
6	中岡 健一					10:30	12:00	13:00	20:00									10:30	12:00	13:00	17:30	10:30	12:00	13:00	17:30				

Point 指定日の人員配置状況を表示

「時間帯勤務シフト表」シートで1週間のうちの1日を指定すると、その日の各従業員の稼働状況が、30分単位で表示されます。

Point 表示時間帯が自動的に変化

「始業時刻」と「終業時刻」を指定すると、数式と「条件付き書式」により、表示される時間帯が自動的に変化します。

やってみよう 週間勤務シフト表に入力し時間帯勤務シフト表を表示する

ここでは、この作例の使い方を説明します。まず、「週間勤務シフト表」シートで開始日と休業日、各従業員の名前、各曜日の出退勤と休憩時間の予定を入力します。その後、「時間帯勤務シフト表」で特定の１日を選択すると、その日の各時間帯の稼働状況が表示されます。

1 日付を指定する

特定の１週間について設定したい場合は、「日付指定」にチェックを付け❶、「年」「月」「日」をそれぞれリストから選択します❷。

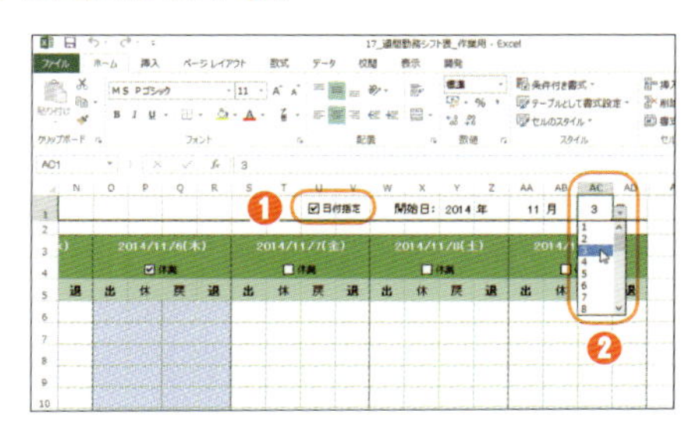

2 勤務予定を入力する

各従業員の氏名、各曜日の出勤時刻と退勤時刻、休憩の開始時刻と終了時刻の予定を、すべて30分単位の時刻で入力します❶。入力する際は、「時」と「分」は「：」で区切って入力します。休憩時間は省略も可能（勤務時間が短い場合）ですが、１日に2回以上は設定できません。

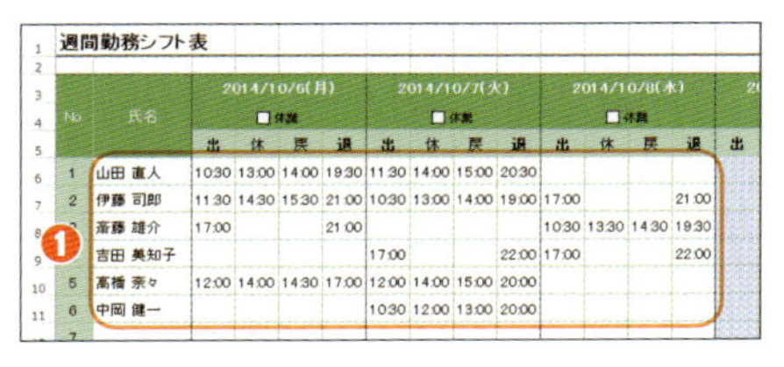

3 日付を選択する

「時間帯勤務シフト表」シートを表示し❶、曜日が表示されている［N1:R1］の結合セルを選択し❷、▼をクリックして❸、勤務シフトを表示したい日付を選択します❹。

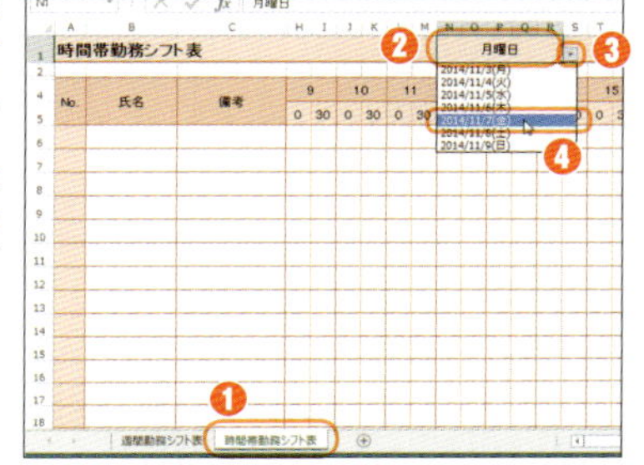

4 表示時間帯を指定する

「始業時刻」と「終業時刻」をそれぞれ30分単位の時刻データとして入力します❶。始業時刻から終業時刻までの時間が30分区切りで、最大24時間分まで表示されます。

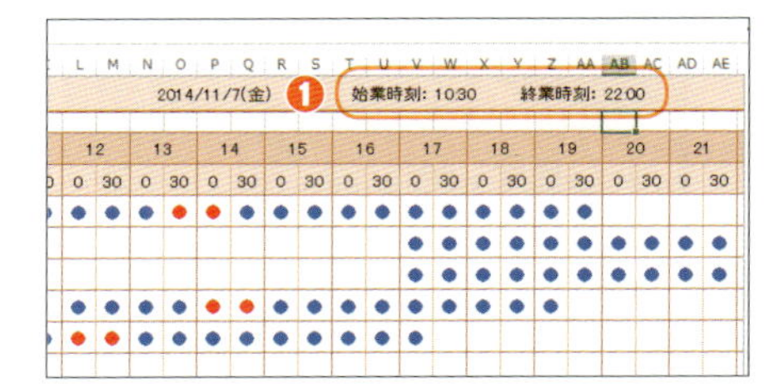

覚えておこう 日付を指定しない場合との使い分けは？

ここでは「日付指定」にチェックを付け、特定の日付から始まる１週間分の予定を入力しています。勤務予定が毎週のように変わる職場では、この方法で１週間ごとに勤務シフト表を再作成してください。
一方、勤務予定が毎週ほぼ変わらない職場の場合は、「日付指定」のチェックを外して❶、「月曜日」～「日曜日」という表示にします。「日付指定」のオン／オフや、開始日の指定を変更した場合は、「時間帯勤務シフト表」で日付や曜日を選び直してください。

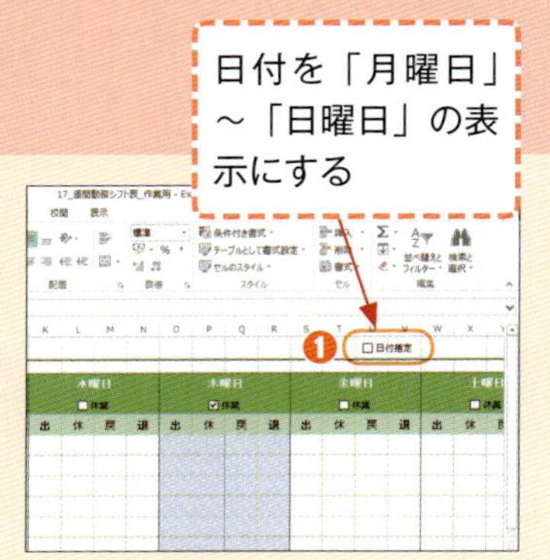

時間外・深夜・休日の割増計算にも対応する

パート・アルバイトの給与計算表

18_パート給与計算表.xlsx

毎日の出勤・退勤時刻と、休憩の開始・終了時刻を入力すると、自動的にその日の就業時間が求められ、１カ月分の給与額が計算されます。

パート・アルバイト給与計算表

年	月	時間給	時間外	深夜時間帯			時間外割増	深夜割増
2014	9	¥1,000	8:00 超過分	22:00	～	5:00	25%	25%

氏名　山田一郎　　　支払給与額　¥

日	曜	出勤	休憩入	休憩戻	退勤	在社時間	休憩時間	就業時間	うち時間外	うち深夜
1	月	9:30	12:00	13:00	18:50	9:20	1:00	8:20	0:20	0:00
2	火	9:40	13:10	13:50	19:20	9:40	0:40	9:00	1:00	0:00
3	水									
4	木	19:00	22:30	23:30	29:30	10:30	1:00	9:30	1:30	6:00
5	金	22:10	23:10	24:10	26:00	3:50	1:00	2:50	0:00	2:50
6	土									
7	日	10:30	12:20	13:20	18:00	7:30	1:00	6:30	0:00	0:0
8	月	17:30	21:18	22:25	26:50	9:20	1:07	8:13	0:13	4:25
9	火									
10	水	3:50	8:20	9:20	15:40	11:50	1:00	10:50	2:50	1:1
11	木	17:30	20:30	21:30	27:00	9:30	1:00	8:30	0:30	5:0
12	金									
13	土									
14	日									
15	月									
16	火									
17	水									
18	木									
19	金									
20	土									
21	日									
22	月									
23	火									
24	水									
25	木									
26	金									
27	土									
28	日									
29	月									
30	火									
							合計	63:43	6:23	19:2
							時間給計算	63,717	1,596	4,85

やってみよう

24時以降の時刻を表示

一般的な時刻データの表示形式では、24時を過ぎると再び0時に戻ってしまいますが、表示形式の設定で、24時以降の時刻を表示できます。

Point

曜日を自動表示

指定した「年」と「月」に応じた各日の曜日を、数式で自動表示します。さらに、「条件付き書式」で、「土」は青、「日」は赤の文字で表示します。

➡ p.39

Point

存在しない日付をグレー表示

指定した年・月で、該当する日付が存在しない場合は、「条件付き書式」によってグレーで表示されます。

➡ p.43

やってみよう 24時以降の時刻を表示する

職種によっては、夕方から勤務を開始し、終了するのが24時以降になる場合もあります。このような時間を正しく表示するため、24時以降を表示できる時刻の表示形式を設定します。

1 セルの表示形式を設定する

［D10:F40］のセル範囲をドラッグし❶、さらにCtrlキーを押しながら［I41:L41］のセル範囲をドラッグして選択します❷。［ホーム］タブの［数値］グループタイトル右の をクリックします❸。

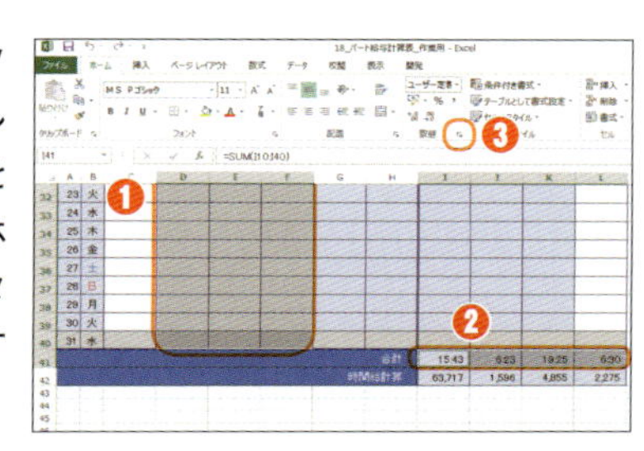

2 ユーザー定義の書式を設定する

［セルの書式設定］ダイアログボックスの［表示形式］タブの［分類］欄で「ユーザー定義」を選び❶、［種類］欄に「[h]:mm」と入力して❷、［OK］をクリックします❸。

Point 時間給や条件を設定

「時間給」や、「時間外」(残業)とする時間数、「時間外割増」の比率などを設定できます。「時間給」を除き、法定の最低基準が初期値に設定されています。

Point 休日出勤の指定

休日出勤の場合は、「休日出勤」列でリストから「○」を入力します。

Point 就業時間から給与額を計算

出勤時刻と退勤時刻、休憩開始時刻と終了時刻から就業時間を求める数式と、そこから1カ月分の給与額を求める数式を入力します。

覚えておこう エクセルの日付・時刻データを理解しよう

エクセルの日付データの実体は、1900年1月1日を「1」とし、以後、1日経過するごとに1ずつ増えていく整数のデータです。また、エクセルの時刻データの実体は、やはり1日＝24時間を1、1時間を24分の1とする小数のデータです。

通常、日付のデータは小数部を持たず、時刻のデータは整数部を持ちません。しかし、エクセルでは日付と時刻を1つのセル内に同時に表示させることが可能です。24時より大きい時刻データもこれと同じです。

取り扱っている各商品の売上を自動集計する

集計機能付きの商品売上記録

19_個別売上記録.xlsx

取り扱っている全商品を「商品リスト」シートに登録し、その売上を「商品売上記録」シートに入力します。商品ごとの売上の数量と金額が、自動的に集計されます。

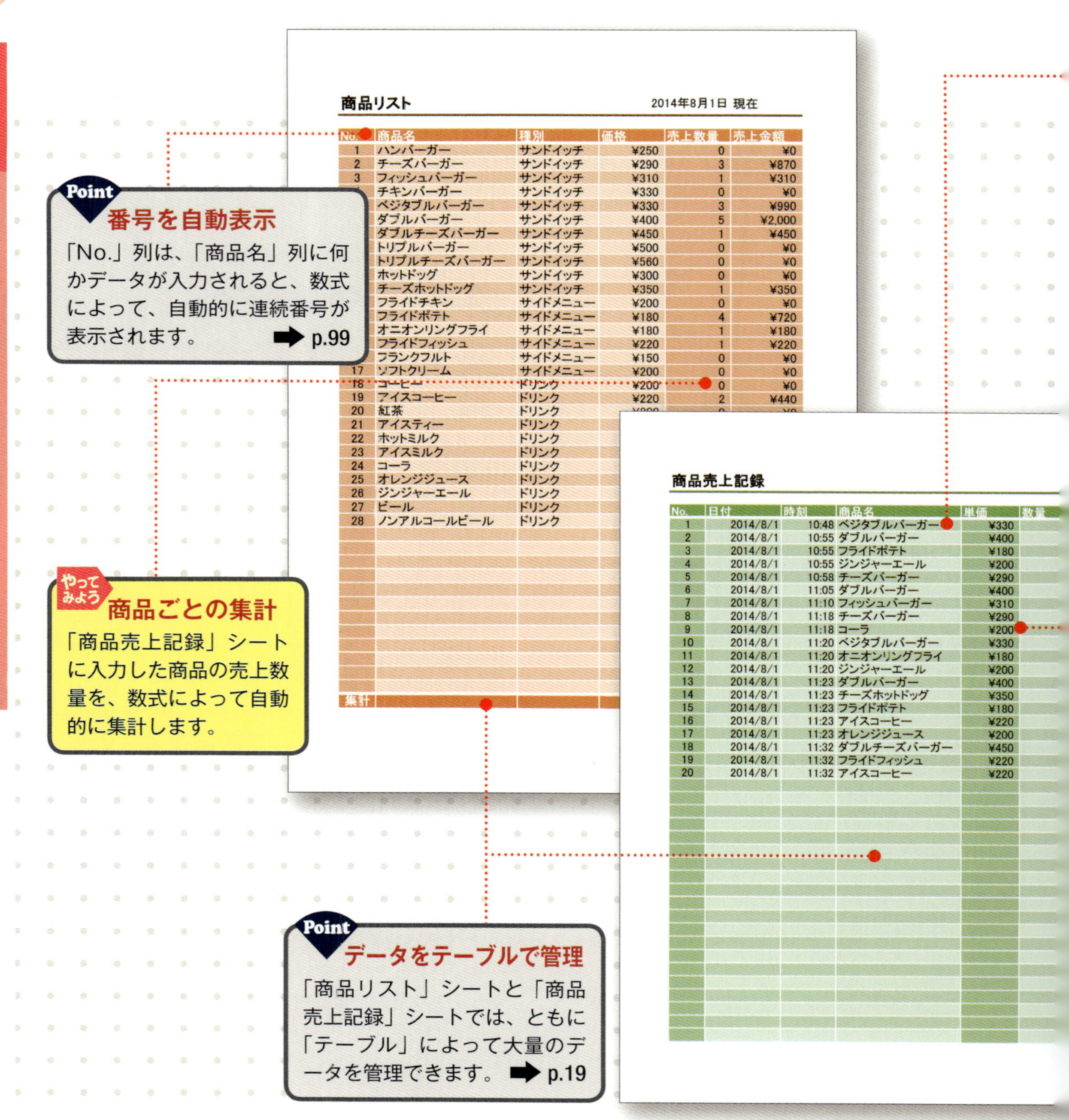

商品リスト　　2014年8月1日 現在

No.	商品名	種別	価格	売上数量	売上金額
1	ハンバーガー	サンドイッチ	¥250	0	¥0
2	チーズバーガー	サンドイッチ	¥290	3	¥870
3	フィッシュバーガー	サンドイッチ	¥310	1	¥310
	チキンバーガー	サンドイッチ	¥330	0	¥0
	ベジタブルバーガー	サンドイッチ	¥330	3	¥990
	ダブルバーガー	サンドイッチ	¥400	5	¥2,000
	ダブルチーズバーガー	サンドイッチ	¥450	1	¥450
	トリプルバーガー	サンドイッチ	¥500	0	¥0
	トリプルチーズバーガー	サンドイッチ	¥560	0	¥0
	ホットドッグ	サンドイッチ	¥300	0	¥0
	チーズホットドッグ	サンドイッチ	¥350	1	¥350
	フライドチキン	サイドメニュー	¥200	0	¥0
	フライドポテト	サイドメニュー	¥180	4	¥720
	オニオンリングフライ	サイドメニュー	¥180	1	¥180
	フライドフィッシュ	サイドメニュー	¥220	1	¥220
	フランクフルト	サイドメニュー	¥150	0	¥0
17	ソフトクリーム	サイドメニュー	¥200	0	¥0
18	コーヒー	ドリンク	¥200	0	¥0
19	アイスコーヒー	ドリンク	¥220	2	¥440
20	紅茶	ドリンク			
21	アイスティー	ドリンク			
22	ホットミルク	ドリンク			
23	アイスミルク	ドリンク			
24	コーラ	ドリンク			
25	オレンジジュース	ドリンク			
26	ジンジャーエール	ドリンク			
27	ビール	ドリンク			
28	ノンアルコールビール	ドリンク			
集計					

商品売上記録

No.	日付	時刻	商品名	単価	数量
1	2014/8/1	10:48	ベジタブルバーガー	¥330	
2	2014/8/1	10:55	ダブルバーガー	¥400	
3	2014/8/1	10:55	フライドポテト	¥180	
4	2014/8/1	10:55	ジンジャーエール	¥200	
5	2014/8/1	10:58	チーズバーガー	¥290	
6	2014/8/1	11:05	ダブルバーガー	¥400	
7	2014/8/1	11:10	フィッシュバーガー	¥310	
8	2014/8/1	11:18	チーズバーガー	¥290	
9	2014/8/1	11:18	コーラ	¥200	
10	2014/8/1	11:20	ベジタブルバーガー	¥330	
11	2014/8/1	11:20	オニオンリングフライ	¥180	
12	2014/8/1	11:20	ジンジャーエール	¥200	
13	2014/8/1	11:23	ダブルバーガー	¥400	
14	2014/8/1	11:23	チーズホットドッグ	¥350	
15	2014/8/1	11:23	フライドポテト	¥180	
16	2014/8/1	11:23	アイスコーヒー	¥220	
17	2014/8/1	11:23	オレンジジュース	¥200	
18	2014/8/1	11:32	ダブルチーズバーガー	¥450	
19	2014/8/1	11:32	フライドフィッシュ	¥220	
20	2014/8/1	11:32	アイスコーヒー	¥220	

やってみよう 商品名ごとの売上数量を集計する

「商品売上記録」シートでは、売上のあった日付と時刻を入力し、商品名をリストから選び、その数量を入力します。すると、「商品リスト」シートに、商品ごとの売上数量の合計が自動的に表示されます。ここでは、そのために入力する数式を紹介します。

Point 商品名のリスト入力

「商品売上記録」の商品名のセルには、「商品リスト」に入力したデータを、リストから選んで入力できます。 ➡ p.93

1 数式を入力する

「商品リスト」シートの［E4］セルを選択し、「=IF([@商品名]="","",SUMIF(売上情報[商品名],[@商品名],売上情報[数量]))」と入力します❶。

2 数式が自動的にコピーされる

［E4］セルに入力した数式が、テーブル内の同じ列の各セルに、自動的にコピーされます。なお、「売上金額」列には、同じ行の「価格」と「売上数量」のセルがともに数値の場合、その積を表示する数式が入力されています。

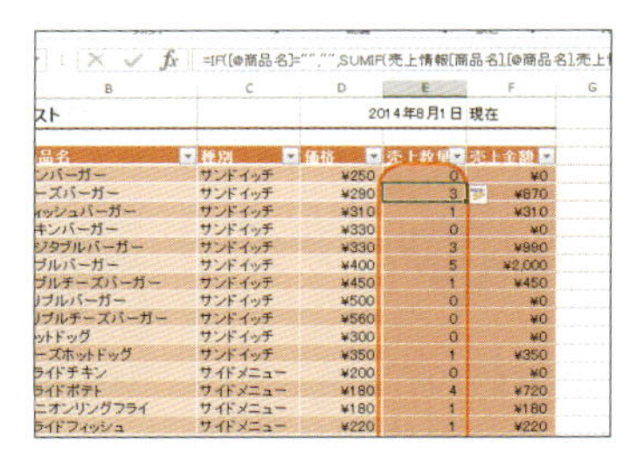

Point 単価の自動表示

商品名を入力すると、数式により、「商品リスト」に入力されている単価が自動的に表示されます。 ➡ p.100

SUMIF関数の使い方とテーブル内の参照方法を理解しよう

ここで設定した数式の「IF」の部分は、同じ行の「商品名」列に何か入力されたかどうかを判定し、入力された場合のみ計算の結果を表示するという条件設定です。実際に集計を行う処理は、「SUMIF」以下の部分です。
テーブル内のセルの指定方法はやや特殊で、「売上情報[商品名]」は「売上情報」テーブルの「商品名」列のセル範囲を表します。「売上情報[数量]」も同様です。また、「[@商品名]」は、同じテーブルの「商品名」列で、数式と同じ行にあるセルを意味します。つまり、この数式では、「売上情報」テーブルの中で、数式と同じ行にある「商品名」に該当する商品の、数量の合計を求めています。

印刷して各テーブルに１枚ずつ配置する

レストランのテーブルメニュー

20_テーブルメニュー.xlsx

食堂やレストラン用のメニューリストです。標準サイズで印刷して各テーブルに置いたり、拡大印刷して店内の目立つところに貼ったりできます。

Point ワードアートでタイトルを表示

凝った書式で、イラストと重ねて配置するために、「Menu」という文字は「ワードアート」で作成しています。 ➡ p.105

やってみよう オンライン画像の配置

Microsoft Officeのクリップアートから、オンラインで提供されている手ごろなイラストを探して、メニュー上に配置します。

Point リーダーの表示

メニュー名と価格は点線（リーダー）で結んでいます。これは「・」(中黒）を、配置の設定でセル幅に合わせて繰り返し表示させたものです。

Point グラデーションの利用

「お食事メニュー」などの見出し部分の塗りつぶしには、[セルの書式設定] ダイアログボックスの［塗りつぶし］タブで、[塗りつぶし効果] から、グラデーションを設定しています。

「会計」の表示形式

各メニューの価格には「会計」の表示形式を設定しています。これによって、「¥」と金額の右端が同じ位置に揃います。

➡ p.84

お食事メニュー（ライス or パン、サラダ、スープ付き）			
ハンバーグ	·······	¥	800
イタリアンハンバーグ	·······	¥	900
和風ハンバーグ	·······	¥	850
とんかつ	·······	¥	950
チキン照り焼き	·······	¥	750
チキンカツ	·······	¥	800
豚生姜焼き	·······	¥	850
カキフライ（5個）	·······	¥	900
エビフライ（3本）	·······	¥	1,000
ミックスフライ	·······	¥	1,100
ミックスグリル	·······	¥	1,200
ビーフステーキ	·······	¥	1,500

サイドメニュー／デザート			
シーザーサラダ	·······	¥	350
シーフードサラダ	·······	¥	450
フライドポテト	·······	¥	200
カキフライ（1個）	·······	¥	150
アイスクリーム	·······	¥	250
コーヒーゼリー	·······	¥	250
プリン	·······	¥	250
チョコレートパフェ	·······	¥	700
フルーツパフェ	·······	¥	750

ドリンクメニュー			
【HOT】			
コーヒー	·······	¥	400
紅茶	·······	¥	400
ミルク	·······	¥	350
カフェオレ	·······	¥	450
【ICE】			
アイスコーヒー	·······	¥	400
アイスティー	·······	¥	400
アイスミルク	·······	¥	350
アイスカフェオレ	·······	¥	450
オレンジジュース	·······	¥	300
コーラ	·······	¥	300
ウーロン茶	·······	¥	300

アルコールメニュー			
ビール（生）	·······	¥	600
ビール（瓶）	·······	¥	600
レモンサワー	·······	¥	500
ウーロンハイ	·······	¥	500
ワイン（グラス）	·······	¥	400
ワイン（ハーフ）	·······	¥	1,000
焼酎	·······	¥	600
日本酒	·······	¥	600
ウイスキー	·······	¥	600

洋食レストラン舞黒亭
東京都港区皆戸町1500-100
TEL 03-0000-0000
http://www.maikuro*****.co.jp/

やってみよう オンライン画像をワークシートに挿入する

文字だけのメニューでは堅苦しいので、料理をイメージさせるイラストや写真などを配置してみましょう。ここではエクセル2013での操作手順を紹介しますが、エクセル2010でも同様にオンライン画像（クリップアート）の配置が可能です。

1 オンライン画像を挿入する

［挿入］タブをクリックし❶、［図］グループの［オンライン画像］をクリックします❷。

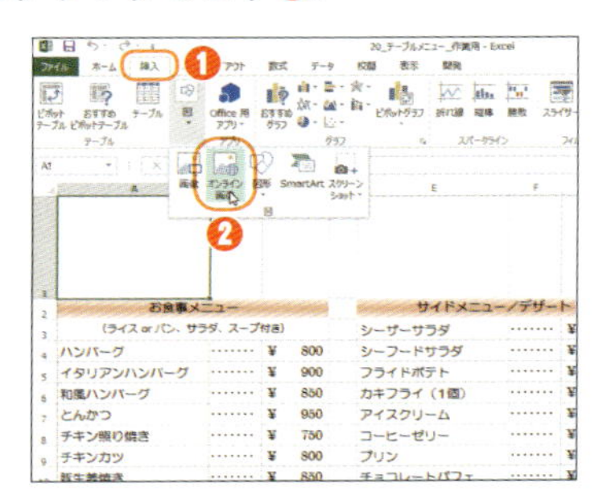

2 画像をキーワードで検索する

［画像の挿入］ウィンドウが表示されたら、［Office.comクリップアート］にキーワード（ここでは「ステーキ」）と入力して❶、Enterキーを押します。

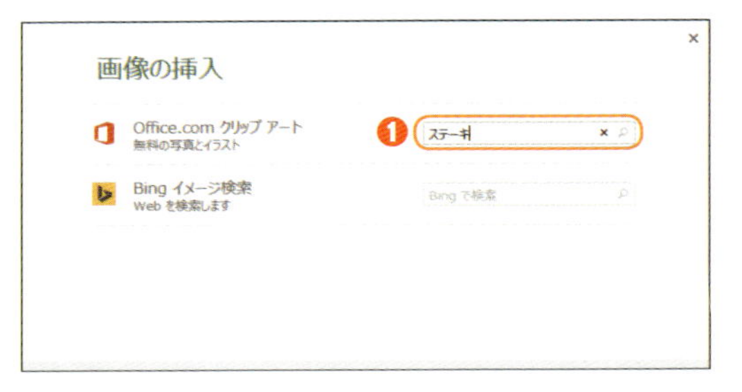

3 画像を選んで挿入する

キーワードに該当する画像の一覧が表示されたら、使用したい画像をクリックして❶、［挿入］をクリックします❷。

4 位置とサイズを調整する

選択した画像がワークシート上に挿入されます。画像の内部をドラッグして位置を移動し、必要に応じて四隅や上下左右の点（サイズ変更ハンドル）をドラッグしてサイズを調整します。

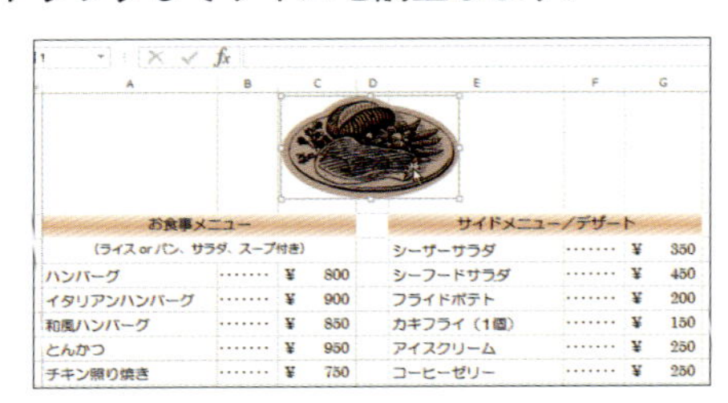

エクセル2010でクリップアートを挿入するには？

オンライン画像は、エクセル2010以前では「クリップアート」と呼ばれています。画像を検索して挿入できるのは同じですが、機能名や操作画面（インターフェース）が異なります。具体的には、［挿入］タブの［図］グループの［クリップアート］をクリックし❶、表示される［クリップアート］作業ウィンドウで、［検索］欄にキーワードを入力して［検索］ボタンをクリックします。キーワードに該当する画像が一覧表示されたら、使用したい画像をダブルクリックして、ワークシート上に挿入します。

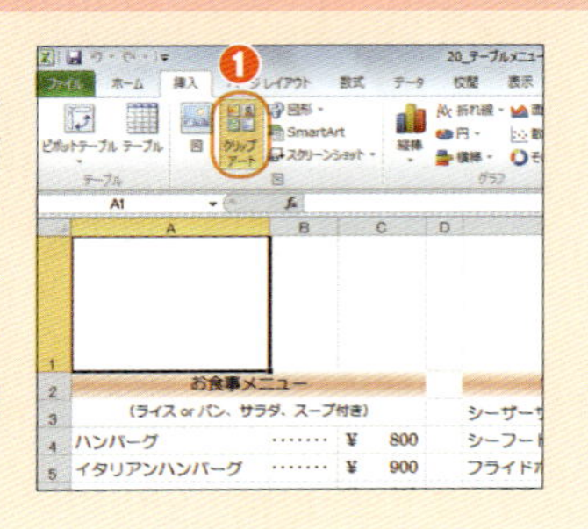

目的に応じて使い分ける３タイプの価格ラベル

バーコード付き商品価格ラベル

21_商品価格ラベル.xlsx

市販のノーカットのラベル用紙などに印刷し、切り離して商品に貼れる価格ラベルです。バーコードも印刷でき、販売時の処理に利用できます。

Point 表示商品の選択

価格ラベルに表示する商品の番号をリストで選択します。▼ が表示されない場合は、セルを選択してその右側をクリックすると表示されます。 ➡ p.93

商品リスト　　表示商品　1002

商品番号（4桁）	商品名	本体価格	税込価格
1001	手作り財布	¥2,000	¥2,160
1002	手作り小物入れ	¥1,800	¥1,944
1003	手作りかばん	¥8,500	¥9,180
1004			
1005			
1006			
1007			
1008			
1009			
1010			
1011			
1012			
1013			
1014			
1015			
1016			
1017			
1018			
1019			
1020			
		消費税率	8%

共通情報	
販売者	舞黒商店
住所	東京都板橋区小山町1-10-100

Point 税込価格の表示

本体価格を入力すると、自動的に税込価格が表示されます。消費税率が変更された場合は、「消費税率」のセルの値を変更してください。

Point バーコードの印刷

価格ラベル１と３では、商品番号を表すバーコード（NW-7）が印刷され、バーコードリーダー（パソコン向け製品もあります）で読み取れます。

店内貼りやチラシに利用できるポスター

A4サイズの手作りポスター

22_A4ポスター.xlsx

A4用紙1枚に印刷するポスターの例です。テキストボックスや図形、画像などを組み合わせて、セルに制限されない自由なレイアウトのポスターを作成できます。

Point
オンライン画像の配置
「アイスクリーム」で検索したオンライン画像を貼り付けています。不要な場合は、ほかの画像に変更するか削除してください。 ➡ p.51

Point
ワードアートの利用
ワードアートを利用して、凝ったデザインの文字列を配置しています。テキストボックス内の文字列に同様の効果を設定することも可能です。 ➡ p.105

Point
テキストボックスで文字を配置
シート上に自由な位置、デザイン、段落設定で文字を配置したい場合は、セルに入力するのではなく、テキストボックスを利用するほうが便利です。 ➡ p.116

Point
図形で地図を作成
図形を組み合わせて簡単な地図を作成しています。図形内に、テキストボックスと同様に文字を入力することも可能です。 ➡ p.114

フェア開催期間：
2015年8月24日(月)
～30日(日)まで

エクセルアイスクリーム
西新袋店
東京都豊島区西新袋1-10-100 枚倉ビル1F
TEL:03-0000-0000

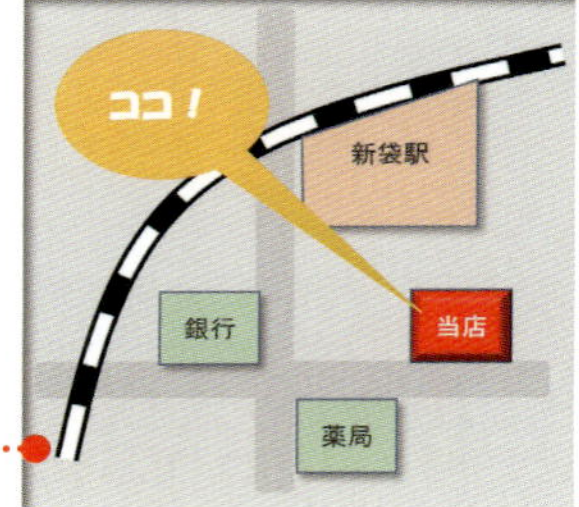

会社の組織構成を階層的に表示する

追加・変更が容易な会社組織図

23_組織図.xlsx

会社の組織を階層的に表すことができる図です。「SmartArt グラフィック」の機能を利用して作成するので、項目の追加やサイズ調整が容易です。

Point ワードアートで会社名を表示

凝ったスタイルで会社名などの文字を表示するために、「ワードアート」を利用しています。 ➡ p.105

Point テキストボックスで日付を表示

「○年○月○日現在」の文字を凝ったスタイルで表示するために、テキストボックスを利用して、内側に影を付けています。 ➡ p.104

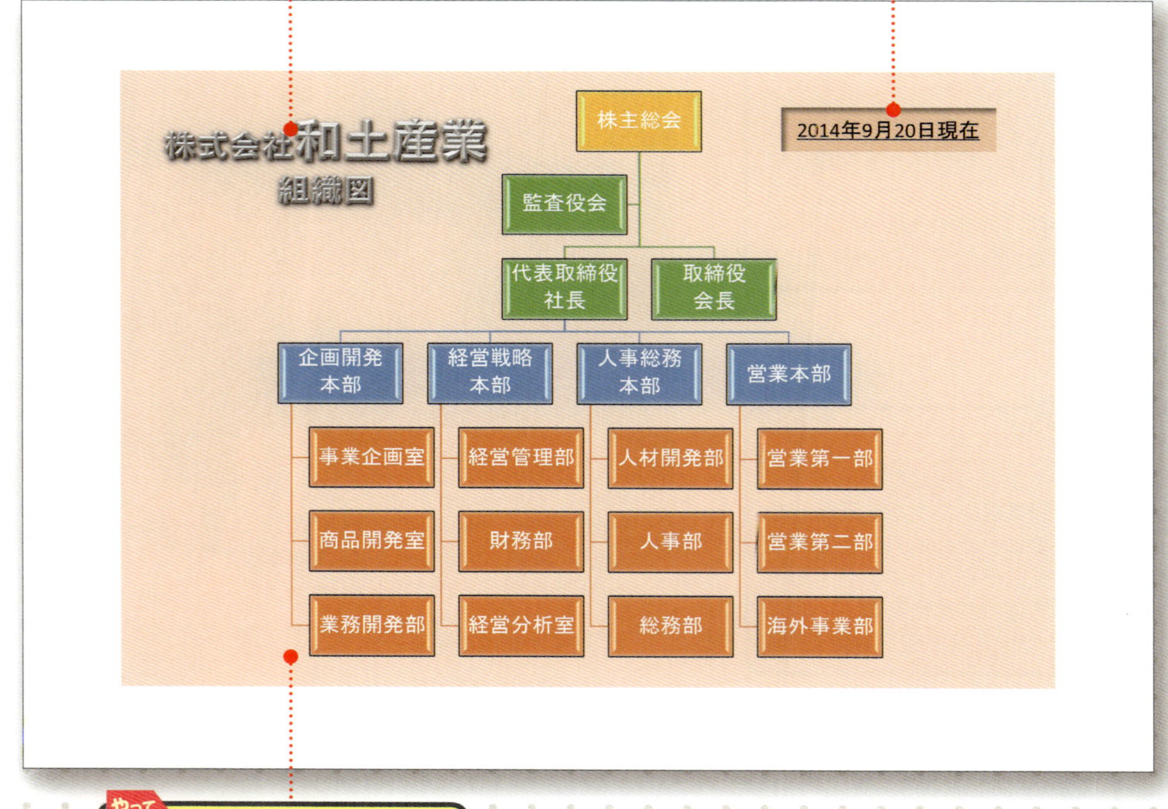

やってみよう SmartArt グラフィックの作成

SmartArtグラフィックの機能を利用して、会社の組織図を作成します。

やってみよう SmartArtグラフィックで組織図を作成する

新しいSmartArtグラフィックで組織図を作成し、位置や大きさを調整して、新たに項目を追加する手順までを解説します。なお、完成した作例では、ここで解説している手順の後、さらに項目を追加して文字を入力し、色やスタイルを変更しています。

1 SmartArtグラフィックを挿入する

[挿入] タブをクリックし❶、[図] グループの [SmartArt] をクリックします❷。

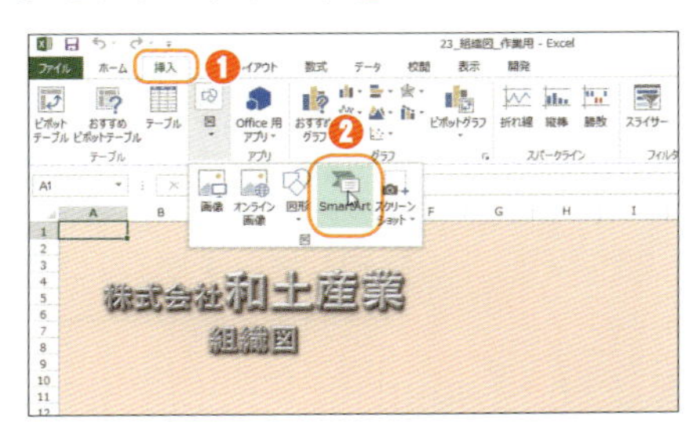

2 組織図を選んで作成する

[SmartArtグラフィックの選択] ダイアログボックスで、[階層構造] をクリックし❶、[組織図] をクリックして❷、[OK] をクリックします❸。

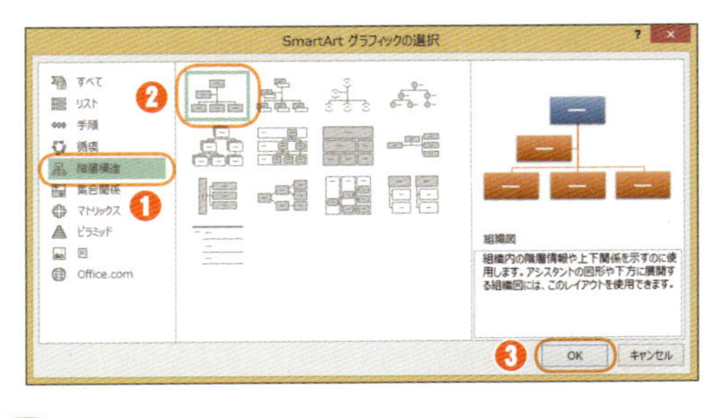

3 位置とサイズを調整する

ワークシート上に新しいSmartArtグラフィックの組織図が作成されます。枠線部分をドラッグして任意の位置に移動し、四隅または上下左右の点(サイズ変更ハンドル) をドラッグして大きさを調整します❶。

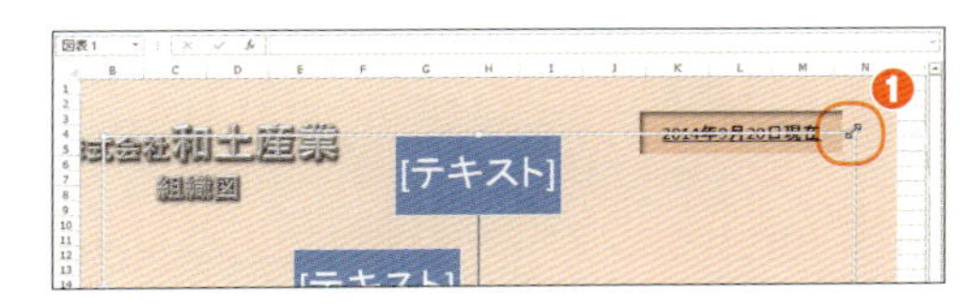

4 項目を追加する

新しい項目を追加したい場合は、図形を選択し❶、[SMARTARTツール] の [デザイン] タブをクリックし❷、[グラフィックの作成] グループの [図形の追加] の ▼ から、[下に図形を追加] などをクリックします❸。

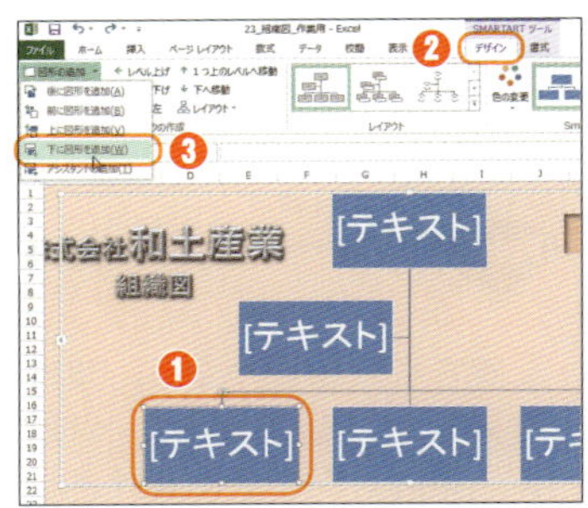

覚えておこう SmartArtグラフィックの色やスタイルを変更しよう

SmartArtグラフィックの色の組み合わせを変えたい場合は、対象のSmartArtグラフィックを選択し、[SMARTARTツール] の [デザイン] タブをクリックし❶、[SmartArtのスタイル] グループの [色の変更] から、好みの色を選択します❷。
また、SmartArtグラフィックのスタイルを変更したい場合は、やはり [SmartArtのスタイル] グループで、一覧の中から設定したいスタイルを選択します。

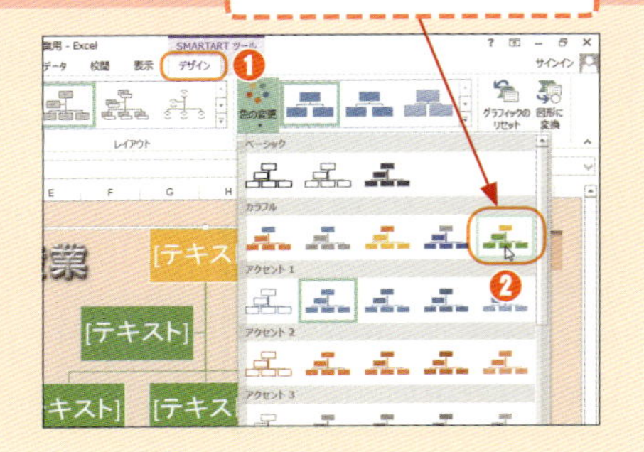

選択肢からクリックで回答を選べる

画面上でも回答可能のアンケート

24_アンケート.xlsx

パソコンの画面上でも、印刷しても使えるアンケートフォームです。画面上で回答した場合、その結果を記録用シートにコピーすることで、すぐに集計できます。

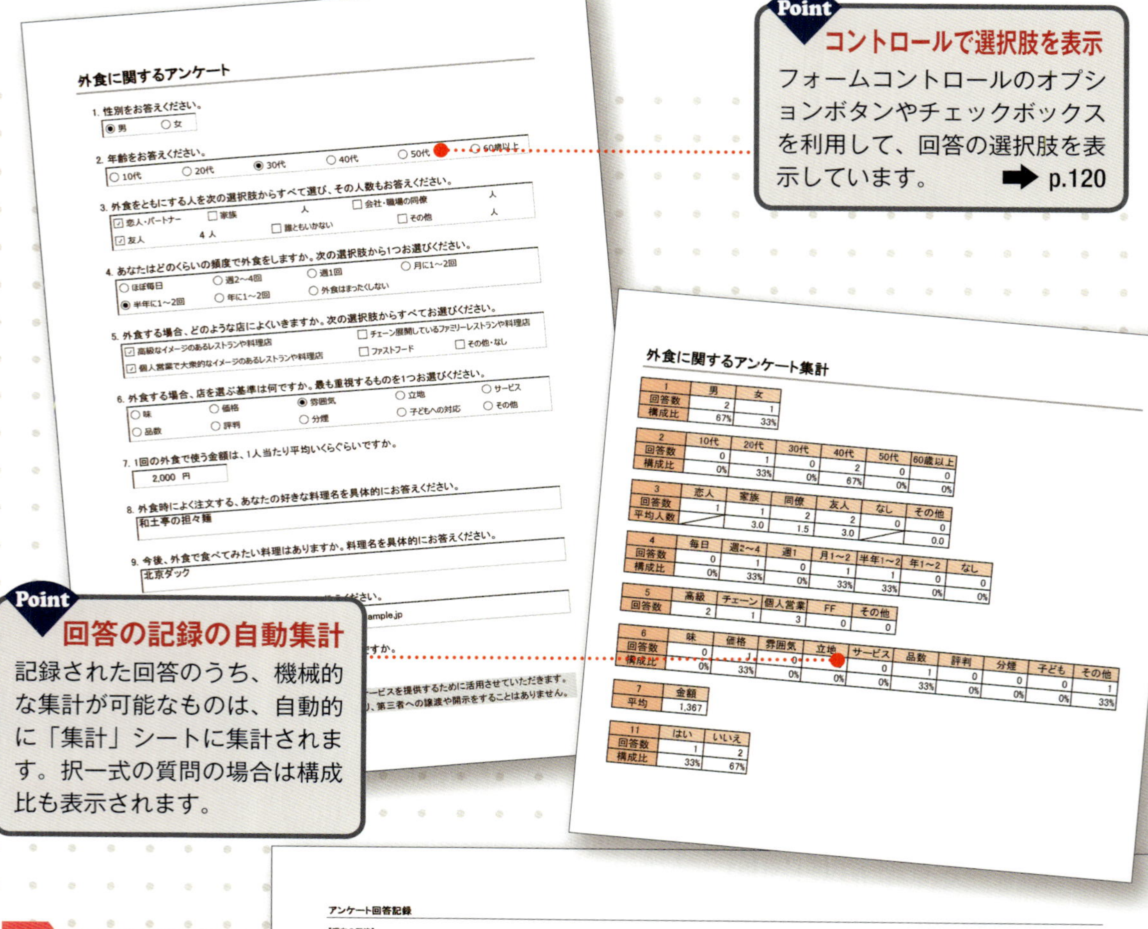

外食に関するアンケート

1. 性別をお答えください。
◉ 男 ○ 女

2. 年齢をお答えください。
○ 10代 ○ 20代 ◉ 30代 ○ 40代 ○ 50代 ○ 60歳以上

3. 外食をともにする人を次の選択肢からすべて選び、その人数もお答えください。
☑ 恋人・パートナー ☐ 家族 人 ☐ 会社・職場の同僚 人
☑ 友人 4 人 ☐ 誰ともいかない ☐ その他 人

4. あなたはどのくらいの頻度で外食をしますか。次の選択肢から1つお選びください。
○ ほぼ毎日 ○ 週2～4回 ○ 週1回 ○ 月に1～2回
◉ 半年に1～2回 ○ 年に1～2回 ○ 外食はまったくしない

5. 外食する場合、どのような店によくいきますか。次の選択肢からすべてお選びください。
☑ 高級なイメージのあるレストランや料理店 ☐ チェーン展開しているファミリーレストランや料理店
☑ 個人営業で大衆的なイメージのあるレストランや料理店 ☐ ファストフード ☐ その他・なし

6. 外食する場合、店を選ぶ基準は何ですか。最も重視するものを1つお選びください。
○ 味 ○ 価格 ◉ 雰囲気 ○ 立地 ○ サービス
○ 品数 ○ 評判 ○ 分煙 ○ 子どもへの対応 ○ その他

7. 1回の外食で使う金額は、1人当たり平均いくらぐらいですか。
2,000 円

8. 外食時によく注文する、あなたの好きな料理名を具体的にお答えください。
和土亭の担々麺

9. 今後、外食で食べてみたい料理はありますか。料理名を具体的にお答えください。
北京ダック

…ください。
…ample.jp

…ですか。

…ービスを提供するために活用させていただきます。
…り、第三者への譲渡や開示をすることはありません。

外食に関するアンケート集計

1	男	女
回答数	2	1
構成比	67%	33%

2	10代	20代	30代	40代	50代	60歳以上
回答数	0	1	0	2	0	0
構成比	0%	33%	0%	67%	0%	0%

3	恋人	家族	同僚	友人	なし	その他
回答数	1	1	2	2	0	0
平均人数		3.0	1.5	3.0		0.0

4	毎日	週2～4	週1	月1～2	半年1～2	年1～2	なし
回答数	0	1	0	1	1	0	0
構成比	0%	33%	0%	33%	33%	0%	0%

5	高級	チェーン	個人営業	FF	その他
回答数	2	1	3	0	0

6	味	価格	雰囲気	立地	サービス	品数	評判	分煙	子ども	その他
回答数	0	1	0	[illegible]	0	1	0	0	0	1
構成比	0%	33%	0%	0%	0%	33%	0%	0%	0%	33%

7	金額
平均	1,367

11	はい	いいえ
回答数	1	2
構成比	33%	67%

Point

コントロールで選択肢を表示

フォームコントロールのオプションボタンやチェックボックスを利用して、回答の選択肢を表示しています。 ➡ p.120

Point

回答の記録の自動集計

記録された回答のうち、機械的な集計が可能なものは、自動的に「集計」シートに集計されます。択一式の質問の場合は構成比も表示されます。

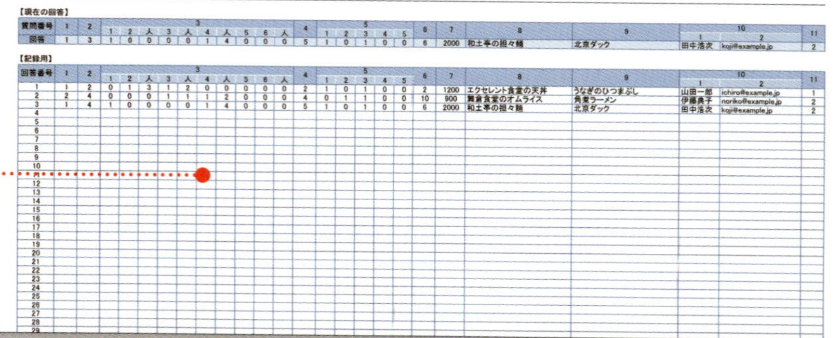

アンケート回答記録

【現在の回答】

質問番号	1	2	3										4	5					6	7	8	9	10		11
			1	2	人	3	人	4	人	5	6	人		1	2	3	4	5					1	2	
回答	1	3	1	0	0	0	0	1	4	0	0	0	5	1	0	1	0	0	6	2000	和土亭の担々麺	北京ダック	田中浩次	koji@example.jp	2

【記録用】

回答番号	1	2	3										4	5					6	7	8	9	10		11
			1	2	人	3	人	4	人	5	6	人		1	2	3	4	5					1	2	
1	1	2	0	1	3	1	2	0	0	0	0	0	2	1	0	1	0	0	2	1200	エクセレント食堂の天丼	うなぎのひつまぶし	山田一郎	ichiro@example.jp	1
2	2	4	0	0	0	1	1	1	2	0	0	0	4	0	1	1	0	0	10	900	舞倉食堂のオムライス	角煮ラーメン	伊藤典子	noriko@example.jp	2
3	1	4	1	0	0	0	0	1	4	0	0	0	5	1	0	1	0	0	6	2000	和土亭の担々麺	北京ダック	田中浩次	koji@example.jp	2
4																									
5																									
6																									
7																									
8																									
9																									
10																									
11																									
12																									
13																									
14																									
15																									
16																									
17																									
18																									
19																									
20																									
21																									
22																									
23																									
24																									
25																									
26																									
27																									
28																									
29																									

やってみよう

回答を記録する

「アンケート」シートでの回答結果は「回答記録」シートに表示されるので、これをコピーし、集計用のエリアに値として貼り付けます。

やってみよう 現在の回答内容を記録用の表にコピーする

「回答記録」シートでは、「現在の回答」として、「アンケート」シートの回答内容が表示されています。これを記録しておくために、回答の範囲をコピーして、「記録用」の表に値として貼り付けます。

1 回答範囲を選択する

名前ボックスの ▾ をクリックし、[回答範囲] をクリックします❶。これで、現在の回答の内容が記録されている [B6:Z6] のセル範囲が選択されます。

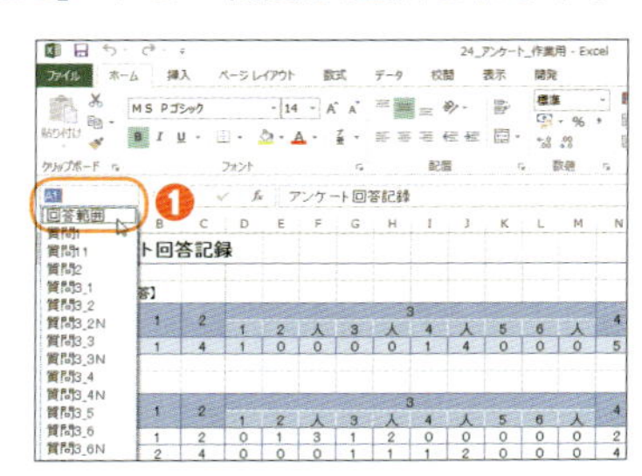

2 選択範囲をコピーする

[ホーム] タブをクリックし❶、[クリップボード] グループの [コピー] をクリックします❷。

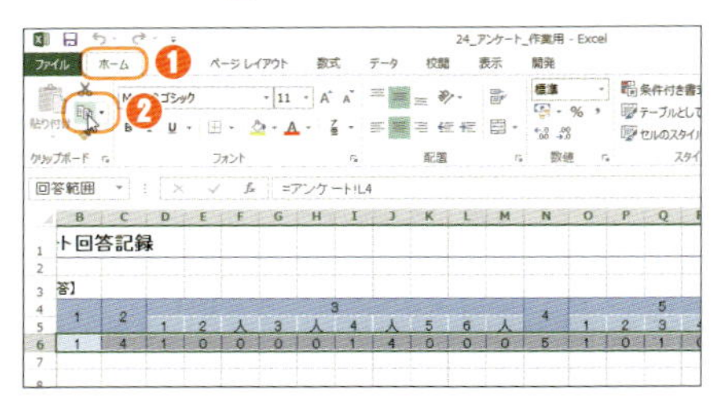

3 値として貼り付ける

「記録用」の表でまだ入力されていない行の先頭のセル（ここでは [B13] セル）を選択し❶、[ホーム] タブをクリックし❷、[クリップボード] グループの [貼り付け] の 貼り付け をクリックして❸、[値] をクリックします❹。

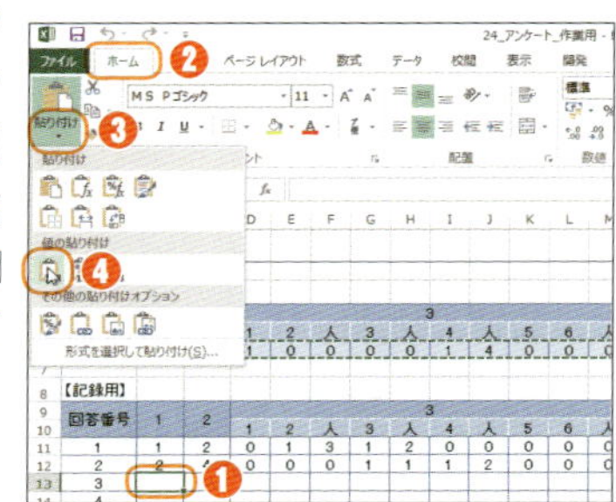

4 コピーモードを解除する

コピーした内容が、選択したセルの行に値として貼り付けられます。コピーした範囲がまだ点線で囲まれた状態（コピーモード）になっているので、Esc キーを押して解除します。

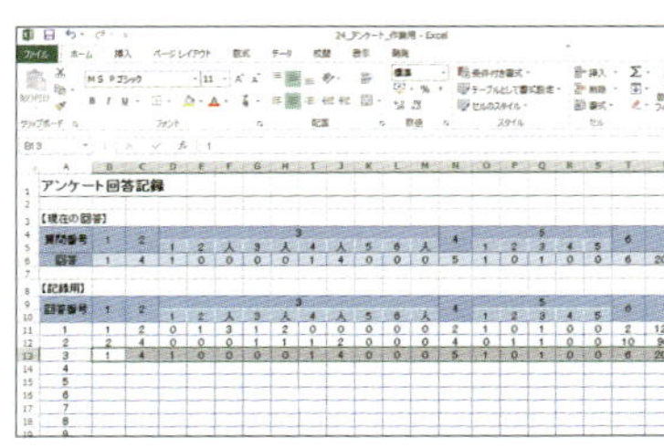

「回答記録」にアンケートの結果を手動で入力しよう

「アンケート」シートの内容を紙に印刷して記入してもらった場合、その結果を「回答用」の表に手入力することで、画面回答、手書き回答の両方を合わせて集計できます。質問1のような択一式の設問の場合、各選択肢の順番が回答番号になります。たとえば、「男」であれば「1」、「女」であれば「2」です。また、質問3のような複数回答の場合は、それぞれの選択肢ごとに、チェックが付いたら「1」、付いていなければ「0」とします。
なお、画面で回答してもらう際に、「回答記録」と「集計」のシートを隠しておきたい場合は、それぞれのシート見出しを右クリックして、「非表示」をクリックします。再び表示する場合は、表示されているシート見出しを右クリックして、「再表示」を選択し、再表示させたいシート名を選択して [OK] をクリックします。

各社員の座席をオフィスのレイアウト図に配置できる

内線番号付き オフィス座席表

最初に内線番号の一覧表を作成し、それを使ってオフィスの座席表をレイアウトできます。内線番号一覧表の氏名を修正した場合、座席表にも反映されます。

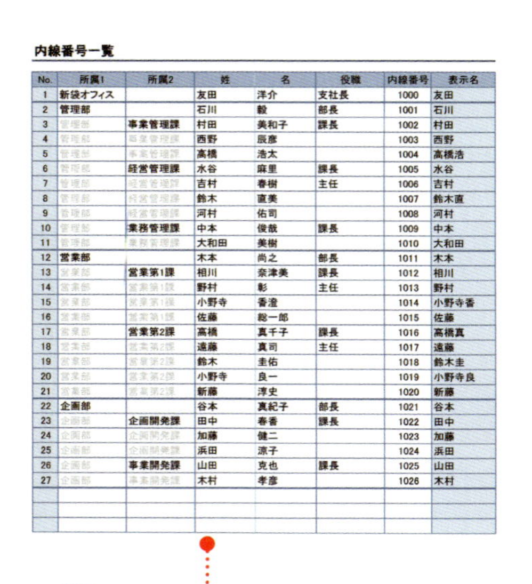

内線番号一覧

No.	所属1	所属2	姓	名	役職	内線番号	表示名
1	新袋オフィス		友田	洋介	支社長	1000	友田
2	管理部		石川	毅	部長	1001	石川
3	管理部	事業管理課	村田	美和子	課長	1002	村田
4	管理部	事業管理課	西野	辰彦		1003	西野
5	管理部	事業管理課	高橋	浩太		1004	高橋浩
6	管理部	経営管理課	水谷	麻里	課長	1005	水谷
7	管理部	経営管理課	吉村	春樹	主任	1006	吉村
8	管理部	経営管理課	鈴木	直美		1007	鈴木直
9	管理部	経営管理課	河村	佑司		1008	河村
10	管理部	業務管理課	中本	俊哉	課長	1009	中本
11	管理部	業務管理課	大和田	美樹		1010	大和田
12	営業部		木本	尚之	部長	1011	木本
13	営業部	営業第1課	相川	奈津美	課長	1012	相川
14	営業部	営業第1課	野村	彰	主任	1013	野村
15	営業部	営業第1課	小野寺	香澄		1014	小野寺香
16	営業部	営業第1課	佐藤	総一郎		1015	佐藤
17	営業部	営業第2課	高橋	真千子	課長	1016	高橋真
18	営業部	営業第2課	遠藤	真司	主任	1017	遠藤
19	営業部	営業第2課	鈴木	圭佑		1018	鈴木圭
20	営業部	営業第2課	小野寺	良一		1019	小野寺良
21	営業部	営業第2課	新藤	淳史		1020	新藤
22	企画部		谷本	真紀子	部長	1021	谷本
23	企画部	企画開発課	田中	春香	課長	1022	田中
24	企画部	企画開発課	加藤	健二		1023	加藤
25	企画部	企画開発課	浜田	涼子		1024	浜田
26	企画部	事業開発課	山田	克也	課長	1025	山田
27	企画部	事業開発課	木村	孝彦		1026	木村

Point
各社員の情報を入力
「内線番号一覧」シートでは、各社員の所属などの情報を入力します。所属が上の行と違うと、書式が変化します。同じ姓の人がいる場合、「表示名」は名前の1文字目まで含めます。なお、エクセルの仕様により、「内線番号」には0で始まる番号を入力できません。

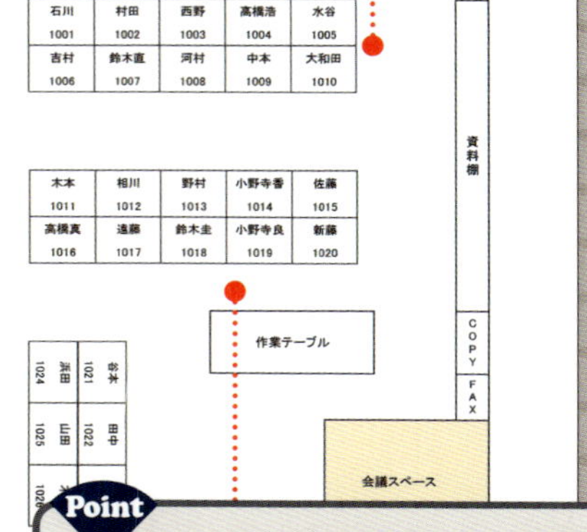

Point
オフィスレイアウトに配置
「座席」をコピーしたら、「オフィスレイアウト」シートで、[ホーム] タブの [クリップボード] グループの [貼り付け] の[貼り付け]から [リンクされた図] をクリックします。 ➡ p.107

Point
貼り付けた図をレイアウト
貼り付けた座席の図形は、ドラッグで位置を移動したり、任意の角度に回転させたりできます。オフィスの壁や仕切りなどの線は、セルの罫線とセル結合を利用して作成します。

Point
コピー用の「座席」を表示
各「座席」を表す枠の下側に番号を入力すると、それに応じた表示名が自動的に表示されます。これらを選択してコピーします。これらの「座席」は、必要に応じてまとめてコピーしたり、個別にコピーしたりできます。 ➡ p.100

友田 1000									
石川 1001	村田 1002	西野 1003	高橋浩 1004	水谷 1005	吉村 1006	鈴木直 1007	河村 1008	中本 1009	大和田 1010
木本 1011	相川 1012	野村 1013	小野寺香 1014	佐藤 1015	高橋真 1016	遠藤 1017	鈴木圭 1018	小野寺良 1019	新藤 1020
谷本 1021	田中 1022	加藤 1023	浜田 1024	山田 1025	木村 1026	1027	1028	1029	1030

かかってきた電話の用件を簡潔明瞭に伝達する

切り離して使える電話連絡メモ

26_電話メモ.xlsx

取引先などからかかってきた電話で、対象の社員が不在だった場合に、相手の用件を伝えるためのメモです。A4用紙1枚を4つに切り離して使用します。

Point

日付入力で自動的に曜日表示

「月」と「日」を入力すると、現在の年におけるその日付の曜日が、自動的に「(木)」のように表示されます。 ➡ p.39

Point

相手の意向にチェックを付ける

「かけ直します。」「ご連絡ください。」などのチェックボックスにチェックを付けて、相手の意向を簡潔に伝えることができます。 ➡ p.120

Point

印刷して手書きで利用

内容を入力せずに印刷し、切り離して使用することも可能です。入力する場合も、最初の1枚以外は手書きで利用すれば、紙が無駄になりません。印刷時に用紙一枚に収まらない場合は、印刷プレビューの画面で余白や縮小率などを変更してください。 ➡ p.124・p.125

電話メモ

伊藤健二 様

8 月 28 日 (木) 15 時 32 分

舞黒商事営業部 の

山本真一 様より

お電話がありました。

TEL: 03-0000-0000

□ かけ直します。□ ご連絡ください。☑ 用件は以下の通りです。

用件

昨日お送りいただいた案でOKですので、作業を進めてください。

受付: 石田春子

電話メモ

様

月 日 ( ) 時 分

の

様より

お電話がありました。

TEL:

□ かけ直します。□ ご連絡ください。□ 用件は以下の通りです。

用件

受付:

電話メモ

様

月 日 ( ) 時 分

の

様より

お電話がありました。

TEL:

□ かけ直します。□ ご連絡ください。□ 用件は以下の通りです。

用件

受付:

電話メモ

様

月 日 ( ) 時 分

の

様より

お電話がありました。

TEL:

□ かけ直します。□ ご連絡ください。□ 用件は以下の通りです。

用件

受付:

前回来店日からの経過日数もわかる

顧客情報を一元管理する顧客名簿

サービス業などでの利用を想定した顧客名簿です。数式を利用して、誕生日から現在の年齢を計算したり、前回来店日からの経過日数を表示したりできます。

Point テーブルによるデータ管理

「テーブル」を使って顧客のデータを管理しています。テーブルを利用することで、行の追加などが容易です。 ➡ p.19

やってみよう 各種の数式を入力する

入力された顧客の番号を自動的に表示したり、生年月日から年齢を求めたり、前回来店日からの経過日数を表示したりする数式を入力します。

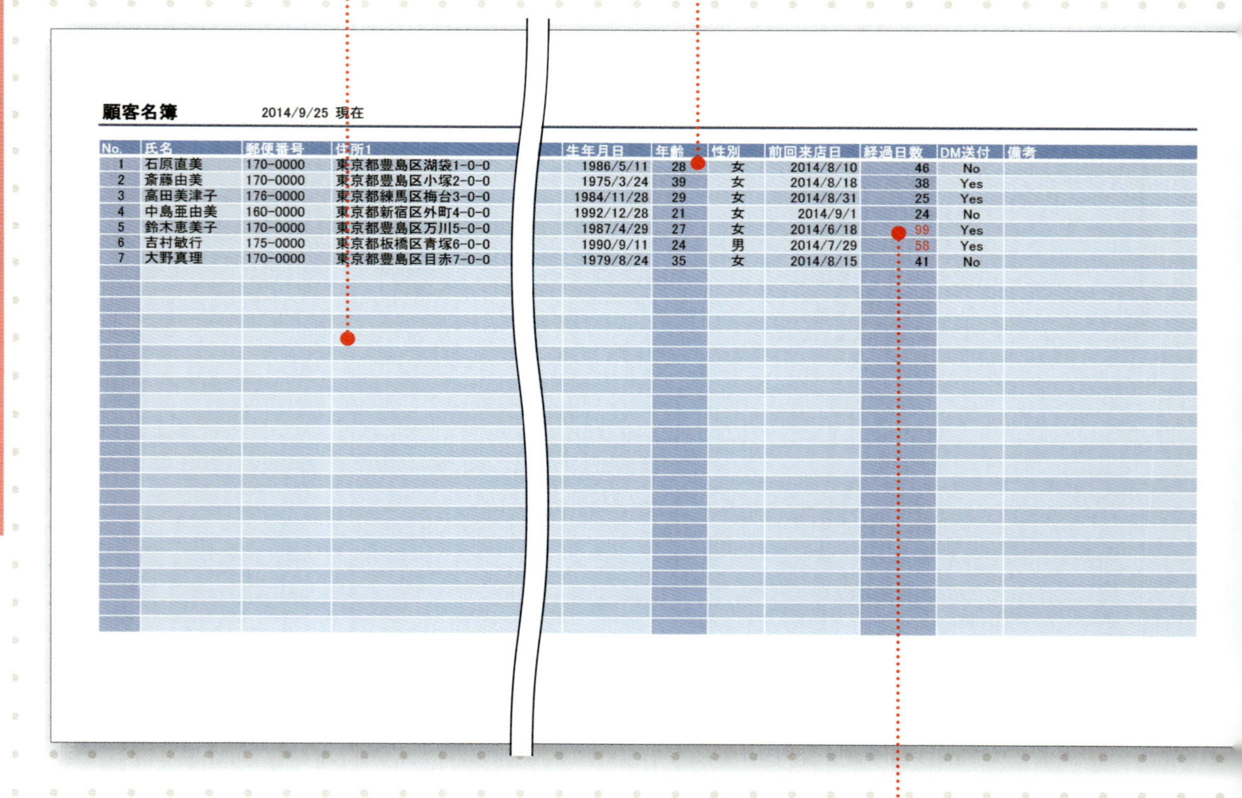

顧客名簿　2014/9/25 現在

No.	氏名	郵便番号	住所1	生年月日	年齢	性別	前回来店日	経過日数	DM送付	備考
1	石原直美	170-0000	東京都豊島区湖袋1-0-0	1986/5/11	28	女	2014/8/10	46	No	
2	斎藤由美	170-0000	東京都豊島区小塚2-0-0	1975/3/24	39	女	2014/8/18	38	Yes	
3	高田美津子	176-0000	東京都練馬区梅台3-0-0	1984/11/28	29	女	2014/8/31	25	Yes	
4	中島亜由美	160-0000	東京都新宿区外町4-0-0	1992/12/28	21	女	2014/9/1	24	No	
5	鈴木恵美子	170-0000	東京都豊島区万川5-0-0	1987/4/29	27	女	2014/6/18	99	Yes	
6	吉村敏行	175-0000	東京都板橋区青塚6-0-0	1990/9/11	24	男	2014/7/29	58	Yes	
7	大野真理	170-0000	東京都豊島区目赤7-0-0	1979/8/24	35	女	2014/8/15	41	No	

Point 50日を超えたら赤字で表示

前回来店日から現在までの経過日数が50日を超えた場合、「条件付き書式」の機能により、赤い文字で表示されます。 ➡ p.90

やってみよう 顧客名簿に各種の数式を入力する

まず、現在の日付を表示する数式を入力します。次に、「氏名」が入力された行に連続番号を表示する数式、「生年月日」が入力された行に現在の年齢を表示する数式を入力し、最後に「前回来店日」が入力された行に現在までの経過日数を表示する数式を入力します。

1 現在の日付を表示する

[C1] セルを選択し、「=TODAY()」と入力して Enter キーを押します❶。これで、このセルに常に今日の日付が表示されるようになります。

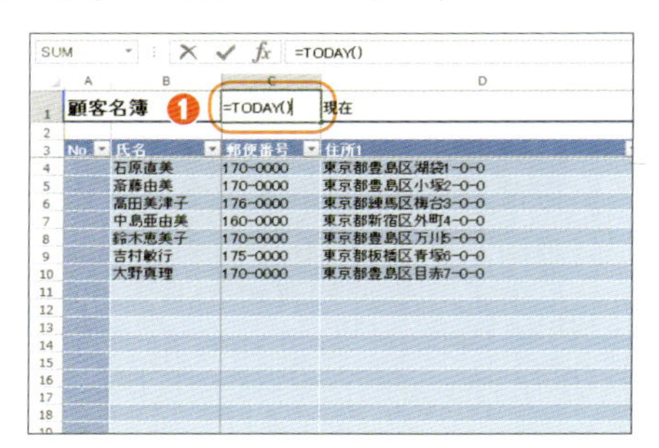

2 連続番号を表示する

[A4] セルを選択し、「=IF([@氏名]="","",MAX(A$3:A3)+1)」と入力して Enter キーを押します❶。これは、同じ行の「氏名」列が空白でなければ、「No.」列で自分よりも上の範囲の最大値を求め、それに1を加えた値を求める数式です。

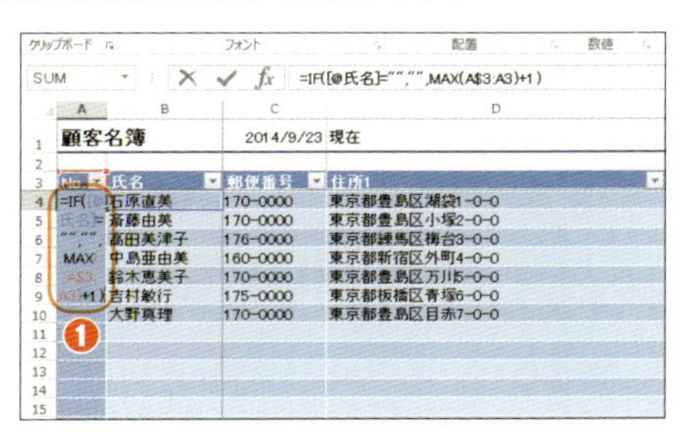

3 現在の年齢を求める

[I4] セルを選択し、「=IF([@生年月日]="","",DATEDIF([@生年月日],$C$1,"Y"))」と入力して Enter キーを押します❶。これは、同じ行の「生年月日」列が空白でなければ、その生年月日から現在の日付までの年数を求める数式です。

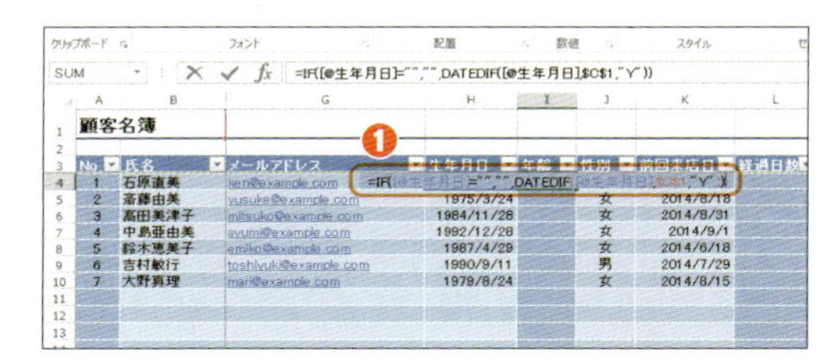

4 経過日数を求める

[L4] セルを選択し、「=IF([@前回来店日]="","",$C$1-[@前回来店日])」と入力して Enter キーを押します❶。これは、同じ行の「前回来店日」が空白でなければ、前回来店日の翌日から現在の日付までの日数を求める数式です。

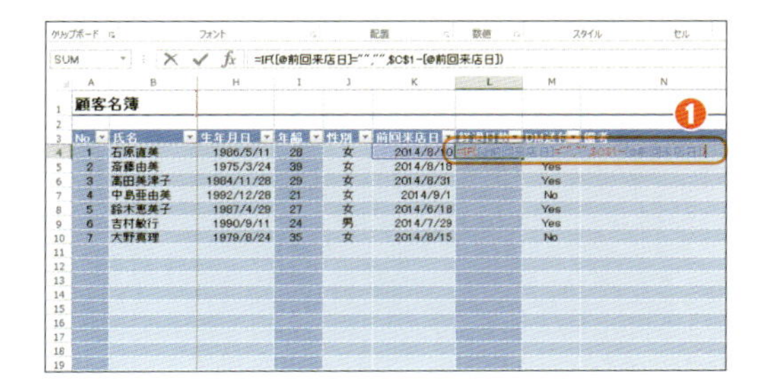

テーブルの集計列の自動作成機能について

テーブルの中の空白の列に数式を入力すると、その列が「集計列」と見なされ、列内のほかのセルに自動的にその数式がコピーされます。テーブルに行を追加したり、途中に行を挿入するなどした場合も、自動的に同じ数式がコピーされます。すでに数式が入力されている列で、1つのセルの数式を修正した場合は、自動的にほかのセルにもその修正が反映されます。これらも、テーブルならではの便利な機能です。

連絡先や勤続年月をテーブルで管理する

多くの情報を管理できる従業員名簿

28_従業員名簿.xlsx

住所や各種の連絡先、生年月日や入社年月日など、従業員に関するさまざまな情報が管理できる従業員名簿です。横長の表ですが、作業中、氏名は常に表示されています。

Point

氏名の列を固定表示

管理する情報の多い横長の表ですが、「ウィンドウ枠の固定」により、画面をスクロールさせても、列見出しの行までと「氏名」の列までが常に表示された状態になります。 ➡ p.95

Point

数式による自動表示機能

今日の日付、入力された行の連続番号、氏名の読み、年齢、勤続年月などを、数式により自動的に表示します。 ➡ p.61

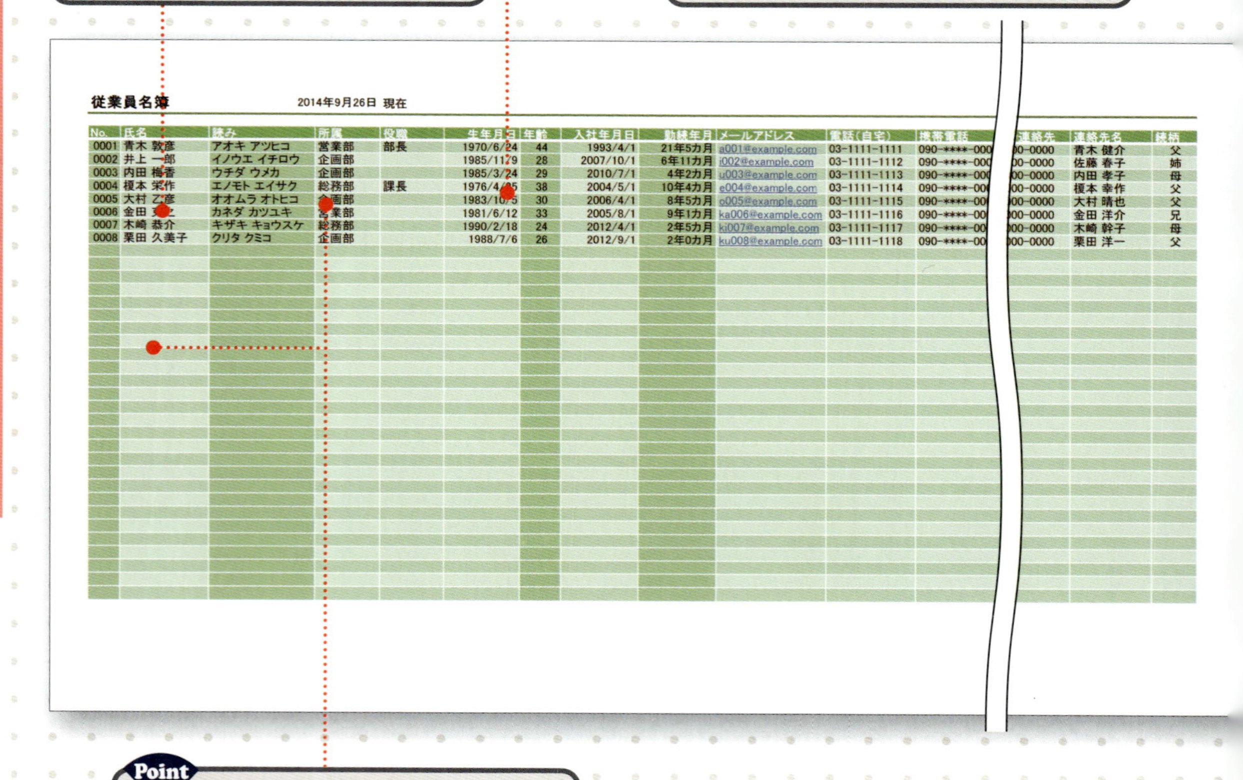

従業員名簿　2014年9月26日 現在

No.	氏名	読み	所属	役職	生年月日	年齢	入社年月日	勤続年月	メールアドレス	電話(自宅)	携帯電話	連絡先	連絡先名	続柄
0001	青木 敦彦	アオキ アツヒコ	営業部	部長	1970/6/24	44	1993/4/1	21年5カ月	a001@example.com	03-1111-1111	090-****-000	00-0000	青木 健介	父
0002	井上 一郎	イノウエ イチロウ	企画部		1985/11/9	28	2007/10/1	6年11カ月	i002@example.com	03-1111-1112	090-****-000	00-0000	佐藤 春子	姉
0003	内田 梅香	ウチダ ウメカ	企画部		1985/3/24	29	2010/7/1	4年2カ月	u003@example.com	03-1111-1113	090-****-000	00-0000	内田 孝子	母
0004	榎本 栄作	エノモト エイサク	総務部	課長	1976/4/[illegible]5	38	2004/5/1	10年4カ月	e004@example.com	03-1111-1114	090-****-00	00-0000	榎本 幸作	父
0005	大村 乙彦	オオムラ オトヒコ	企画部		1983/10/5	30	2006/4/1	8年5カ月	o005@example.com	03-1111-1115	090-****-00	00-0000	大村 晴也	父
0006	金田 [illegible]	カネダ カツユキ	営業部		1981/6/12	33	2005/8/1	9年1カ月	ka006@example.com	03-1111-1116	090-****-00	00-0000	金田 洋介	兄
0007	木崎 恭介	キザキ キョウスケ	総務部		1990/2/18	24	2012/4/1	2年5カ月	ki007@example.com	03-1111-1117	090-****-00	00-0000	木崎 幹子	母
0008	栗田 久美子	クリタ クミコ	企画部		1988/7/6	26	2012/9/1	2年0カ月	ku008@example.com	03-1111-1118	090-****-00	00-0000	栗田 洋一	父

Point

印刷タイトルの設定

「ウィンドウ枠の固定」で常に表示している行と列は、「印刷タイトル」の設定によって、印刷時にも全ページに印刷されます。 ➡ p.97

長文のメッセージも入力しやすい

メモ欄付き Fax送信シート

内容を入力してから印刷することも、空白のまま印刷して内容を手書きすることもできるFax送信シートです。長文のメッセージの入力にも対応しています。

Point
注意事項をチェック
フォームコントロールのチェックボックスを配置し、「至急お願いします。」などの注意事項にチェックを付けられるようにしています。

➡ p.120

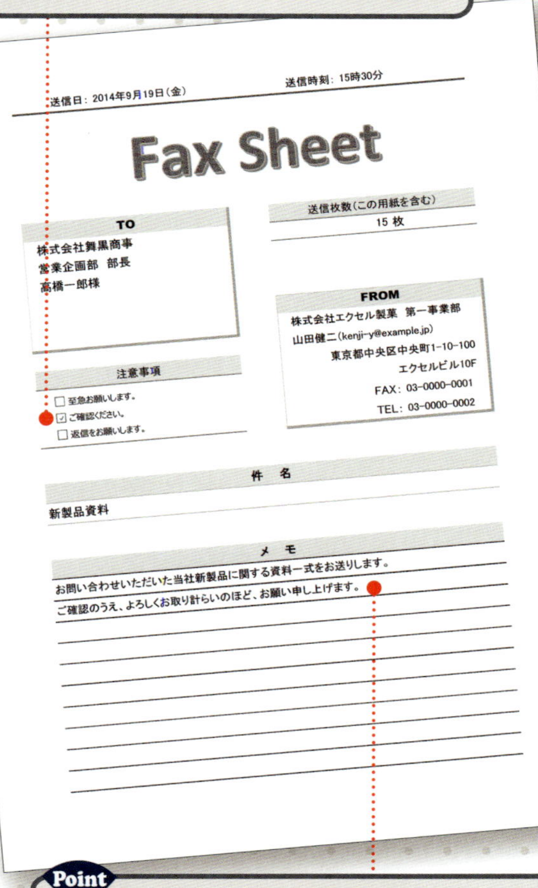
送信日：2014年9月19日（金）　送信時刻：15時30分

Fax Sheet

TO
株式会社舞黒商事
営業企画部　部長
高橋一郎様

送信枚数（この用紙を含む）
15 枚

FROM
株式会社エクセル製菓　第一事業部
山田健二（kenji-y@example.jp）
東京都中央区中央町1-10-100
エクセルビル10F
FAX：03-0000-0001
TEL：03-0000-0002

注意事項
☐ 至急お願いします。
☑ ご確認ください。
☐ 返信をお願いします。

件　名
新製品資料

メ　モ
お問い合わせいただいた当社新製品に関する資料一式をお送りします。
ご確認のうえ、よろしくお取り計らいのほど、お願い申し上げます。

送信日：2014年9月19日（金）　送信時刻：15時30分

Fax Sheet

TO
株式会社舞黒商事
営業企画部　部長
高橋一郎様

送信枚数（この用紙を含む）
15 枚

FROM
株式会社エクセル製菓　第一事業部
山田健二（kenji-y@example.jp）
東京都中央区中央町1-10-100
エクセルビル10F
FAX：03-0000-0001
TEL：03-0000-0002

注意事項
☐ 至急お願いします。
☑ ご確認ください。
☐ 返信をお願いします。

件　名
新製品資料

メ　モ
お問い合わせいただいた当社新製品に関する資料一式をお送りします。ご確認のうえ、よろしくお取り計らいのほど、お願い申し上げます。

Point
印刷使用に便利なメモ欄
印刷して手書きする場合や、箇条書きのような短いメッセージを入力する場合は、メモ欄の行に横罫線が入った「Faxシート1」が便利です。

Point
長文のメッセージ
折り返して何行にもわたるような長い文章を入力する場合は、テキストボックスを配置した「Faxシート2」が便利です。

➡ p.104

複数の項目を組み合わせた税込みの見積額を計算する

押印欄付きの見積書

30_見積書.xlsx

各項目の単価と数量を入力し、消費税込みの金額が表示できる見積書です。上下に横幅の違う枠が並ぶ、複雑なレイアウトの書類になっています。

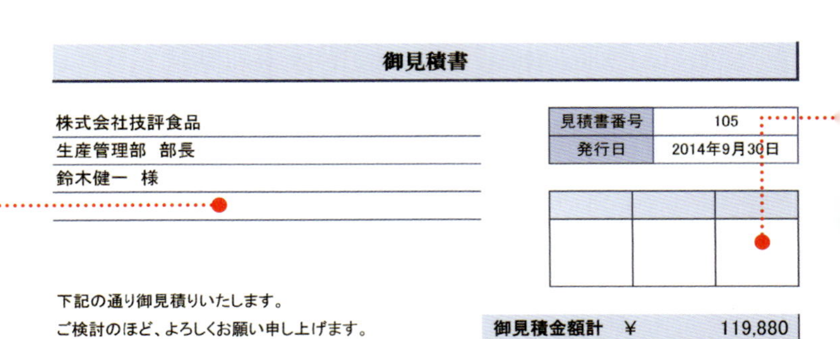

御見積書

株式会社技評食品
生産管理部 部長
鈴木健一 様

見積書番号	105
発行日	2014年9月30日

下記の通り御見積りいたします。
ご検討のほど、よろしくお願い申し上げます。

御見積金額計 ¥ 119,880

No.	品名	単価	数量	単位	金額
1	PC用Wi-Fiアダプター	¥1,500	20	個	¥30,000
2	コピー用紙A4/500枚	¥300	50	冊	¥15,000
3	プリンターインク 赤	¥1,200	10	個	¥12,000
4	プリンターインク 青	¥1,200	10	個	¥12,000
5	プリンターインク 黄	¥1,200	10	個	¥12,000
6	プリンターインク 黒	¥1,500	20	個	¥30,000
	以下余白				
小計					¥111,000
消費税額		消費税率:	8%		¥8,880
税込合計金額					¥119,880

備考
納期:2014年10月8日
納品場所:株式会社技評食品様 本社ビル
見積有効期限:見積発行日より3ヶ月間

株式会社舞黒商会
〒100-0000
東京都渋谷区新袋1-10-100
祖父戸ビル20F
TEL:03-0000-0000(代)
FAX:03-0000-0001
http://www.micro******.co.jp/

担当:営業部 山下五郎
goro@micro******.co.jp

やってみよう セルを結合する

隣接するセルを結合し、1つのセルとして入力・編集の操作ができるようにします。複数行のセル範囲を、行単位で結合することもできます。

Point 番号を自動表示

「単価」が入力された行に、上からの連続番号を自動的に表示します。「品名」など「単価」以外のセルに入力しても、番号は表示されません。

➡ p.99

やってみよう セルを結合して見積書をレイアウトする

作業用作例の上側では、まだセルを結合していません。また、セルの状態がわかりやすいように、塗りつぶしの色も設定していません。ここでは、セルを結合して中央揃えに設定する方法、選択範囲を行単位で結合する方法、選択範囲全体を結合する方法を紹介します。

1 セルを結合して中央揃えにする

[A1:I1] のセル範囲を選択します❶。[ホーム] タブをクリックし❷、[配置] グループの [セルを結合して中央揃え] をクリックします❸。これで、選択範囲のセルが結合され、セル内のデータが左右中央揃えになります。同様に [E3:G3]、[E4:G4]、[H3:I3]、[H4:I4]、[D9:E9] の各セル範囲には [セルを結合して中央揃え] を設定します。

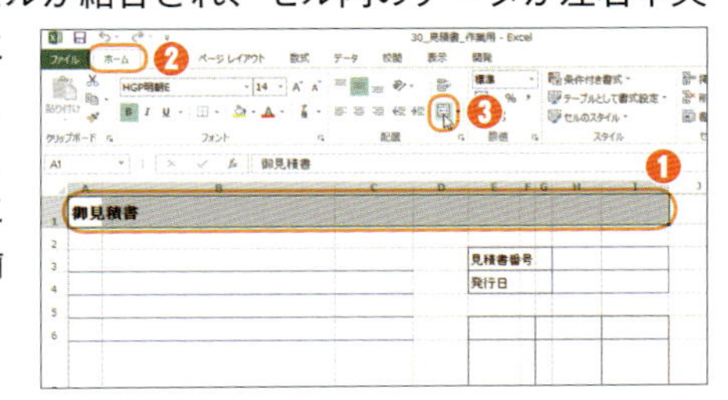

2 選択範囲を行単位で結合する

[A3:C6] のセル範囲を選択し❶、[ホーム] タブをクリックします❷。[配置] グループの [セルを結合して中央揃え] の をクリックし❸、[横方向に結合] をクリックします❹。これで選択範囲のセルが行単位で結合されます。同様に、[A8:B9]、[E6:F7]、[G6:H7] の各セル範囲に対して [横方向に結合] を設定します。

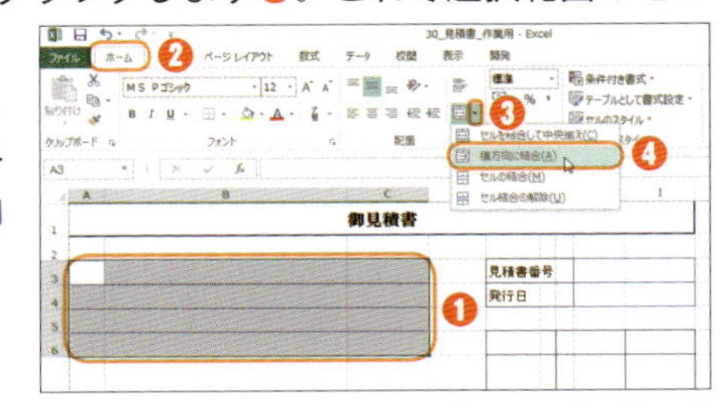

3 選択範囲を結合する

[F9:I9] のセル範囲を選択し❶、[ホーム] タブをクリックします❷。[配置] グループの [セルを結合して中央揃え] の をクリックし❸、[セルの結合] をクリックします❹。選択範囲のすべてのセルが1つに結合されます。

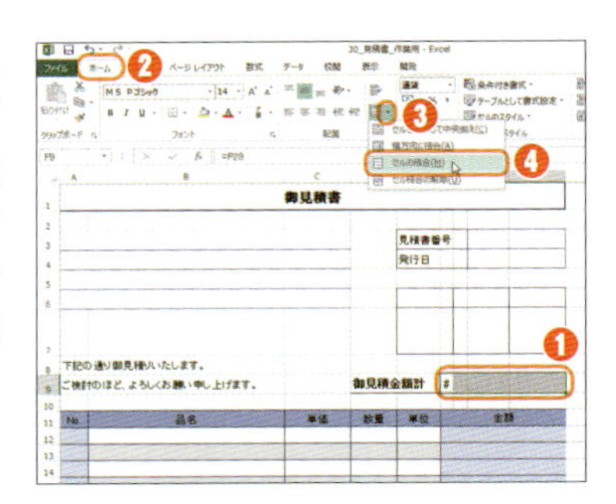

Point セル結合で作成した押印欄

各列の幅を微調整して結合することで、同じ大きさの押印欄を作成できます。

Point 単価と数量から金額を計算

「単価」と「数量」を入力すると、数式によって「金額」が自動的に計算されます。「単価」が入力されていない場合、「金額」は空白です。 ➡ p.98

Point 合計と税額を自動計算

小計、消費税額、税込合計金額を自動計算します。税率が変更された場合は、「8%」の部分を変更することで対応できます。 ➡ p.99

外注先に業務の内容・条件を正式に通知する

外部に依頼する業務発注書

31_業務発注書.xlsx

外部の企業や個人に業務を依頼する際、その内容や条件などを通知するための書類です。本状を送付することで、発注先へ正式な依頼をしたという証拠になります。

Point 図形を利用した企業ロゴ

図形と、その中に入力したテキストの効果を設定して、企業名のロゴ風の文字を作成しています。 ➡ p.114・p.115

Point 横幅を揃えて表示

縦に並ぶ表の見出しはそれぞれ文字数が異なりますが、セルの配置の「均等割り付け」を設定して、すべて同じ横幅に揃えて表示しています。 ➡ p.88

Point 横幅の異なる枠

横幅の異なる枠が上下に並んだ、複雑なレイアウトを設定しています。これには「セルの結合」を利用しています。 ➡ p.65

Point 単価と数量から金額を計算

「単価」と「数量」を入力すると、数式により「金額」が計算されます。「単価」が入力されていない場合、「金額」は空白です。 ➡ p.98

業務発注書

有限会社祖父戸工房
祖父戸一郎　　様

舞黒商会

コード番号	1001	発注者	株式会社舞黒商会
プロジェクト名	Webサイトリニューアル		東京都港区皆戸町1-10-10
顧客企業	株式会社儀表商事		舞黒ビル5F
発注日	2014年8月25日		TEL 03-0000-0000
作業開始予定日	2014年9月1日		業務管理部
作業完了予定日	2014年10月15日		担当:山下五郎

依頼内容	商品紹介ページデザイン

見積書	あり	見積書番号	105

No.	作業項目	単価	数量	金額	備考
1	基本フォーマット作成	¥250,000	1	¥250,000	
2	パーツ作成	¥5,000	5	¥25,000	
3	イラスト作成	¥4,000	28	¥112,000	
4					
5					
6					
7					
8					
9					
10					
11					
12					
13					
14					
15					
小計				¥387,000	
消費税額	消費税率:		8%	¥30,960	
税込合計金額				¥417,960	

確認事項

作業完了月の20日締め、翌月末払い

必要となる現金を事前に試算して申請する

出張費用などの仮払申請書

32_仮払申請書.xlsx

出張や接待などで必要となる費用については、その金額をあらかじめ試算して、仮払いしてもらう場合があります。この作例は、計算機能付きの仮払金の申請書です。

Point 横幅の異なる枠

横幅の異なる枠が上下に並んだ、複雑なレイアウトを設定しています。これには「セルの結合」を利用しています。

➡ p.65

Point 予定金額の合計を計算

出張の行動予定などから費用を予想して、入力していきます。その合計金額が、数式により計算されます。

➡ p.99

Point 切り離せる受領書

仮払金を受け取ったら、引き換えに受領書を提出します。書類の下部が受領書になっており、切り離して使用できます。必要事項を入力して印刷するほか、空白のまま印刷して手書きすることもできます。

仮払申請書 2014年9月1日

所属長	経理	社長

所属	製造部	印
氏名	山田一郎	

案件名	大阪枚黒商事との商談			
期間	2014年8月20日 ～ 2014年8月21日		申請額	¥50,000

予定費用内訳			
No.	費目	摘要	予定金額
1	交通費	新幹線、現地タクシー代	¥25,000
2	宿泊費	シングル1泊	¥10,000
3	接待交際費	取引先担当者を接待予定	¥15,000
4			
5			
6			
7			
8			
9			
10			
		予定費用合計	¥50,000

備考

受領確認

総務部長　　　　殿

仮払金として下記の金額を受領いたしました。

金　50,000 円

日付：2014年9月1日

氏名：山田一郎　印

事前に受け取った仮払金との差額を精算する

出張費用などの仮払精算書

33_仮払
精算書.xlsx

出張などの際、事前に受け取っていた仮払金と、実際にかかった費用との差額を精算する必要があります。この作例は、差額を計算し、精算処理を行うための書類です。

仮払精算書 2014年8月30日

所属長	経理	社長

所属	製造部	印
氏名	山田一郎	

仮払金	案件名	大阪枚黒商事との商談	支払日	2014年8月18日
	期間	2014年8月20日 ～ 2014年8月21日	支払額	¥50,000

費用内訳				
No.	日付	費目	摘要	金額
1	2014/8/20	交通費	都内私鉄、新幹線、タクシー	¥9,860
2	2014/8/20	接待交際費	先様担当者との食事会	¥7,860
3	2014/8/20	消耗品費	電子機器用電池	¥1,200
4	2014/8/20	宿泊費	大阪にて一泊	¥11,000
5	2014/8/21	交通費	タクシー、新幹線、都内私鉄	¥9,860
6				
7				
8				
9				
10				
11				
12				
13				
14				
15				
			費用合計	¥39,780
			差引返還額	¥10,220

備考

Point
横幅の異なる枠
横幅の異なる枠が上下に並んだ、複雑なレイアウトを設定しています。これには「セルの結合」を利用しています。

➡ p.65

Point
かかった金額の合計を計算
出張でかかった費用をそれぞれ入力していきます。その合計金額が、数式により計算されます。

➡ p.99

Point
実際の費用との差額を表示
実際にかかった費用との差額を表示し、仮払金を超えた場合は「差引不足額」、仮払金以下で済んだ場合は「差引返還額」と表示されます。

４枚に切り離して手書きでも利用できる

交通費などの出金伝票

34_出金伝票.xlsx

交通費など、従業員が一時的に立て替えた経費を、経理などに請求する際に提出する出金伝票です。パソコン上で直接入力しても、印刷して手書きでも利用できます。

Point 入力でも手書きでも使用可能

入力して使う場合は、計算機能が利用できます。空白のまま印刷し、手書きで使用することも可能です。印刷時に用紙一枚に収まらない場合は、印刷プレビューの画面で余白や縮小率などを変更してください。 ➡ p.124・p.125

Point 空白印刷用の日付表示

空白のまま印刷する場合、日付のセルには「0」を入力します。すると、入力済みの日付が消えて、「年」「月」「日」だけが適度な間隔を空けて表示されます。

2014年8月10日

出金伝票

山田真一　様

担当	所属長	本人

No.	勘定科目	摘要	金額
1	交通費	新袋－池宿（往復）	¥450
2	通信費	資料送付	¥1,200
3			
4			
5			
		合計	¥1,650

年　月　日

出金伝票

様

担当	所属長	本人

No.	勘定科目	摘要	金額
1			
2			
3			
4			
5			
		合計	

年　月　日

出金伝票

様

担当	所属長	本人

No.	勘定科目	摘要	金額
1			
2			
3			
4			
5			
		合計	

年　月　日

出金伝票

様

担当	所属長	本人

No.	勘定科目	摘要	金額
1			
2			
3			
4			
5			
		合計	

Point ４つに切り離して利用

上下・左右の中央に引かれた点線で切り離して、４枚にして使えます。

プロジェクトごとに外部への業務発注を管理する

案件別の業務発注リスト

案件ごとに、外部に発注した業務を管理します。案件が完了し、外注先から受け取った請求書の内容を記録すると、発注時に書き込んだ情報と自動的に比較されます。

やってみよう　番号からプロジェクト名を自動表示

案件番号をドロップダウンリストから選択すると、それに対応するプロジェクト名を自動的に表示します。

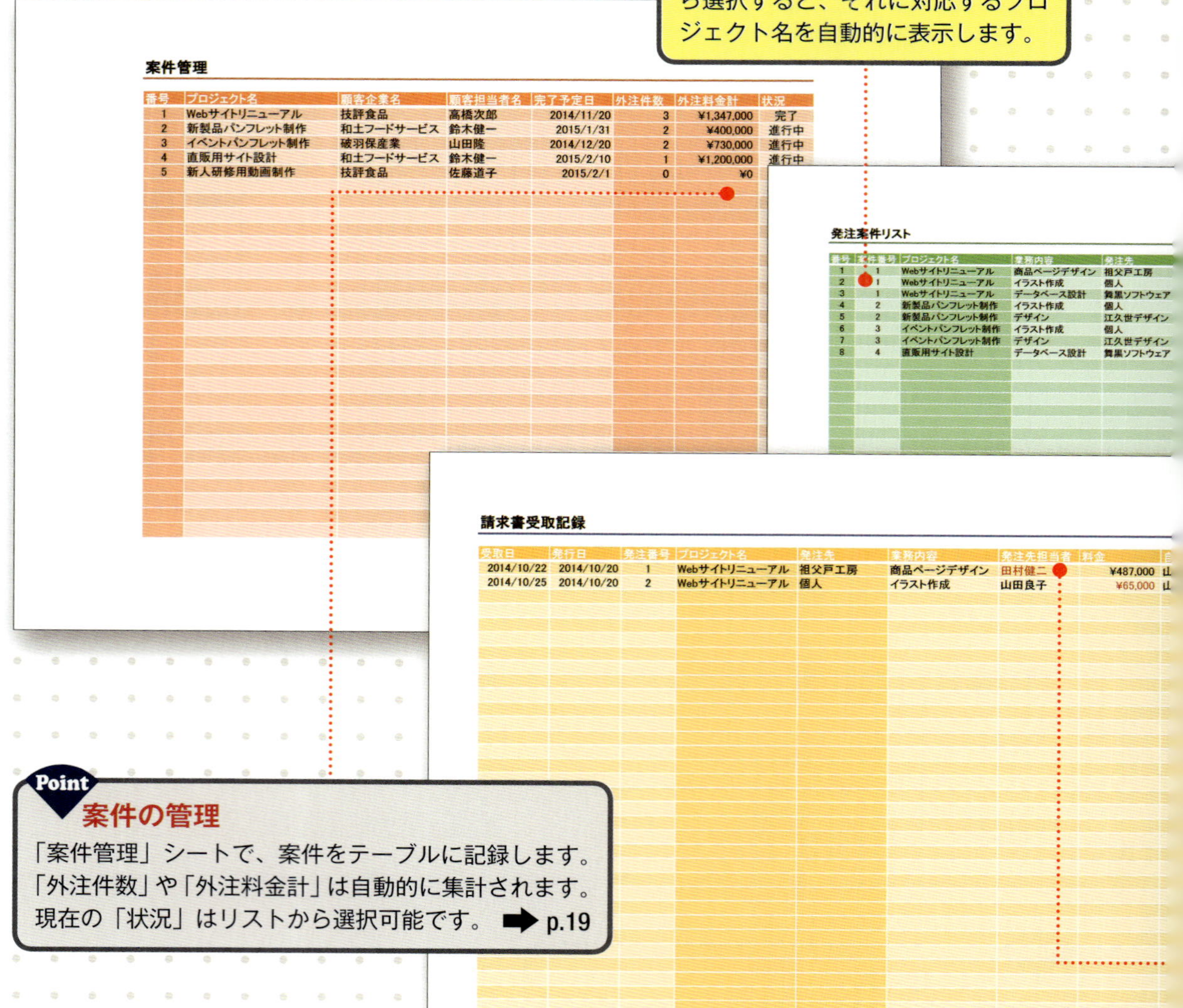

案件管理

番号	プロジェクト名	顧客企業名	顧客担当者名	完了予定日	外注件数	外注料金計	状況
1	Webサイトリニューアル	技評食品	高橋次郎	2014/11/20	3	¥1,347,000	完了
2	新製品パンフレット制作	和土フードサービス	鈴木健一	2015/1/31	2	¥400,000	進行中
3	イベントパンフレット制作	破羽保産業	山田隆	2014/12/20	2	¥730,000	進行中
4	直販用サイト設計	和土フードサービス	鈴木健一	2015/2/10	1	¥1,200,000	進行中
5	新人研修用動画制作	技評食品	佐藤道子	2015/2/1	0	¥0	

発注案件リスト

番号	案件番号	プロジェクト名	業務内容	発注先
1	1	Webサイトリニューアル	商品ページデザイン	祖父戸工房
2	1	Webサイトリニューアル	イラスト作成	個人
3	1	Webサイトリニューアル	データベース設計	舞黒ソフトウェア
4	2	新製品パンフレット制作	イラスト作成	個人
5	2	新製品パンフレット制作	デザイン	江久世デザイン
6	3	イベントパンフレット制作	イラスト作成	個人
7	3	イベントパンフレット制作	デザイン	江久世デザイン
8	4	直販用サイト設計	データベース設計	舞黒ソフトウェア

請求書受取記録

受取日	発行日	発注番号	プロジェクト名	発注先	業務内容	発注先担当者	料金	
2014/10/22	2014/10/20	1	Webサイトリニューアル	祖父戸工房	商品ページデザイン	田村健二	¥487,000	山
2014/10/25	2014/10/20	2	Webサイトリニューアル	個人	イラスト作成	山田良子	¥65,000	山

Point　案件の管理

「案件管理」シートで、案件をテーブルに記録します。「外注件数」や「外注料金計」は自動的に集計されます。現在の「状況」はリストから選択可能です。➡ p.19

やってみよう プロジェクト名を自動表示する

「発注案件リスト」シートでは、「案件番号」をリストから選択して入力できます。選んだ番号に対応する「プロジェクト名」が自動的に表示される数式を入力しましょう。「請求書受取記録」シートの「プロジェクト名」と「発注先」の数式も同様です。

1 「プロジェクト名」のセルに数式を入力する

「発注案件リスト」シートの［C4］セルを選択し、「=IF([@案件番号]="","",VLOOKUP([@案件番号],案件管理,2,FALSE))」と入力します❶。

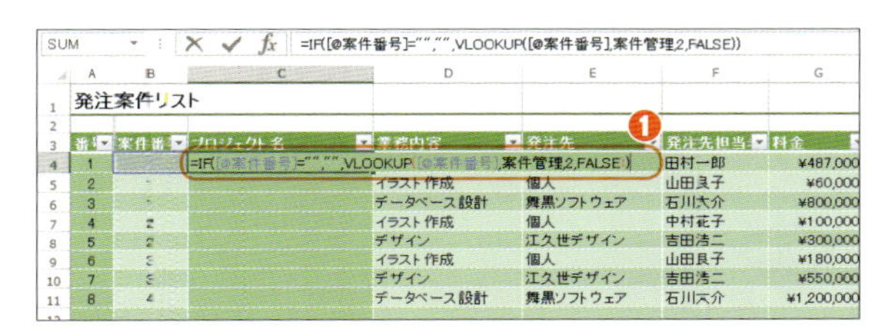

番号	案件番号	プロジェクト名	業務内容	発注先	発注先担当	料金
1		=IF([@案件番号]="","",VLOOKUP([@案件番号],案件管理,2,FALSE))			田村一郎	¥487,000
2			イラスト作成	個人	山田良子	¥60,000
3			データベース設計	舞黒ソフトウェア	石川大介	¥800,000
4	2		イラスト作成	個人	中村花子	¥100,000
5	2		デザイン	江久世デザイン	吉田浩二	¥300,000
6	3		イラスト作成	個人	山田良子	¥180,000
7	3		デザイン	江久世デザイン	吉田浩二	¥550,000
8	4		データベース設計	舞黒ソフトウェア	石川大介	¥1,200,000

2 数式が自動的にコピーされる

入力した数式が「プロジェクト名」列のすべてのセルに、自動的にコピーされます。

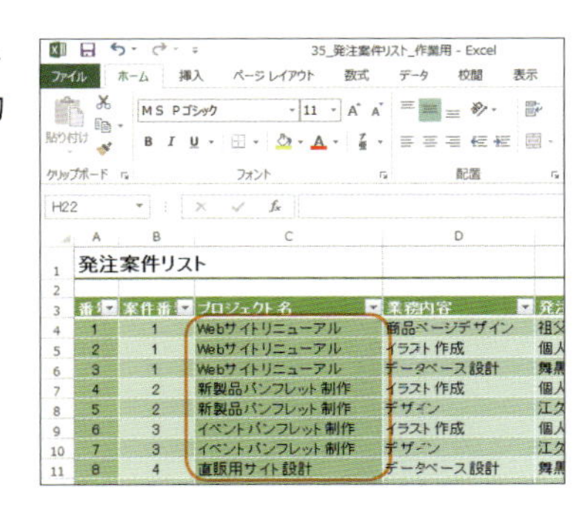

番号	案件番号	プロジェクト名	業務内容
1	1	Webサイトリニューアル	商品ページデザイン
2	1	Webサイトリニューアル	イラスト作成
3	1	Webサイトリニューアル	データベース設計
4	2	新製品パンフレット制作	イラスト作成
5	2	新製品パンフレット制作	デザイン
6	3	イベントパンフレット制作	イラスト作成
7	3	イベントパンフレット制作	デザイン
8	4	直販用サイト設計	データベース設計

Point 発注業務の管理

「発注案件リスト」シートで、外部に発注した業務をテーブルに記録します。請求書を受け取り、「請求書受取記録」シートに情報を記録した業務は、自動的に「受取済」と表示されます。

Point 受取請求書の管理

受け取った請求書の情報は「請求書受取記録」シートに記録します。「発注番号」では、「発注案件リスト」シートの「番号」を選択します。「発注案件リスト」の記録と異なる情報は、赤い文字で表示されます。 ➡ p.90

覚えておこう 自動集計された発注業務の記録を確認しよう

このブックで、「発注案件リスト」シートに発注する業務の情報を入力すると、自動的に「案件管理」シートで案件ごとの「外注件数」と「外注料金計」が集計されます。この数値を参考に、案件の予算を管理・調整します。

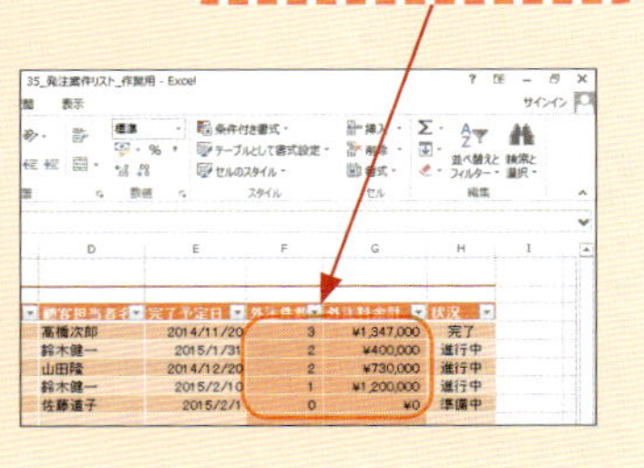

仕入と売上の記録から現在の在庫を表示する

商品の仕入・売上と在庫管理

36_在庫管理.xlsx

取り扱っている商品の仕入数および売上数の記録から、現在の在庫状況を表示します。また、期間中の仕入金額と売上金額も自動的に集計されます。

やってみよう 在庫管理を利用する

「商品管理」シートに取り扱う商品名を入力し、「仕入管理」と「売上管理」の各シートに記録していきます。

商品管理

開始日	2014/10/1	終了日	2014/10/31

No.	商品名	繰越在庫数	最新仕入日	仕入数計	仕入額計	最新売上日	売上数計	売上額計	在庫数
1	ビールジョッキ	30	2014/10/3	25	¥20,000	2014/10/7	8	¥9,600	47
2	ビールグラス	58	2014/10/9	20	¥12,000	2014/10/7	5	¥5,000	73
3	ワイングラス	24	2014/10/1	30	¥30,000	2014/10/8	10	¥16,000	44
4	シャンパングラス	31	2014/10/8	40	¥40,000	2014/10/8	11	¥27,500	60
5	ロックグラス	46	2014/10/11	70	¥84,000	2014/10/5	15	¥27,000	101
6	タンブラーグラス	104		0	¥0	2014/10/6	4	¥4,800	100
7	ブランデーグラス	62	2014/10/7	10	¥20,000		0	¥0	72
8	冷酒グラス	27	2014/10/12	30	¥27,000		0	¥0	57
9	ステンレスタンブラー	86		0	¥0	2014/10/2	2	¥2,000	84
10	マグカップ	27		0	¥0		0	¥0	27
集計		495		225	¥233,000		55	¥91,900	665

Point 仕入と売上の情報を自動計算

「仕入管理」シートと「売上管理」シートに入力した情報から、「商品管理」シートにその数量や金額が自動的に集計されます。

➡ p.49

売上管理

売上日	商品名	販売単価	数量	売上金額
2014/10/2	ステンレスタンブラー	¥1,000	2	¥2,000
2014/10/2	ロックグラス	¥1,800	10	¥18,000
2014/10/3	シャンパングラス	¥2,500	8	¥20,000
2014/10/5	ビールジョッキ	¥1,200	3	¥3,600
2014/10/5	ロックグラス	¥1,800	5	¥9,000
2014/10/5	ワイングラス	¥1,600	3	¥4,800
2014/10/6	タンブラーグラス	¥1,200	4	¥4,800
2014/10/6	ビールジョッキ	¥1,200	3	¥3,6
2014/10/7	ビールグラス	¥1,000	5	¥5,0
2014/10/7	ビールジョッキ	¥1,200	2	¥2,4
2014/10/8	シャンパングラス	¥2,500	3	¥7,5
2014/10/8	ワイングラス	¥1,600	7	¥11,2

仕入管理

仕入日	商品名	仕入先	仕入単価	数量	仕入金額
2014/10/1	ワイングラス	パワー通商	¥1,000	30	¥30,000
2014/10/3	ビールジョッキ	ワード商事	¥800	25	¥20,000
2014/10/3	ロックグラス	アクセス硝子	¥1,200	60	¥72,000
2014/10/7	ブランデーグラス	パワー通商	¥2,000	10	¥20,000
2014/10/8	冷酒グラス	アクセス硝子	¥900	20	¥18,000
2014/10/8	シャンパングラス	パワー通商	¥1,000	40	¥40,000
2014/10/9	ビールグラス	ワード商事	¥600	20	¥12,000
2014/10/11	ロックグラス	アクセス硝子	¥1,200	10	¥12,000
2014/10/12	冷酒グラス	アクセス硝子	¥900	10	¥9,000

Point 商品名をリストから入力

「仕入管理」シートおよび「売上管理」シートの「商品名」列では、「商品管理」シートに入力した商品名をリストから選んで入力できます。

➡ p.93

やってみよう 仕入と売上を記録して現在の在庫を確認する

ここでは「在庫管理」の使用方法を解説します。まず「商品管理」シートに、取り扱っている商品名と繰越在庫数を入力します。そして、「仕入管理」シートに仕入、「売上管理」シートに売上の情報を記録していくと、「商品管理」シートで現在の在庫を確認できます。

1 商品名と繰越在庫数を入力する

「商品管理」シートを開き❶、「商品名」列に商品名、「繰越在庫数」列にその商品の前期からの繰越在庫数を入力します❷。

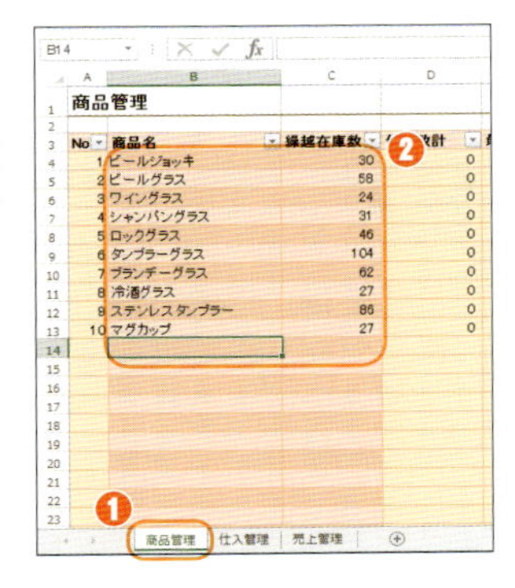

2 仕入を記録する

商品を仕入れた場合は、「仕入管理」シートを開き❶、「仕入日」、「商品名」、「仕入先」、「仕入単価」、「数量」を入力します❷。

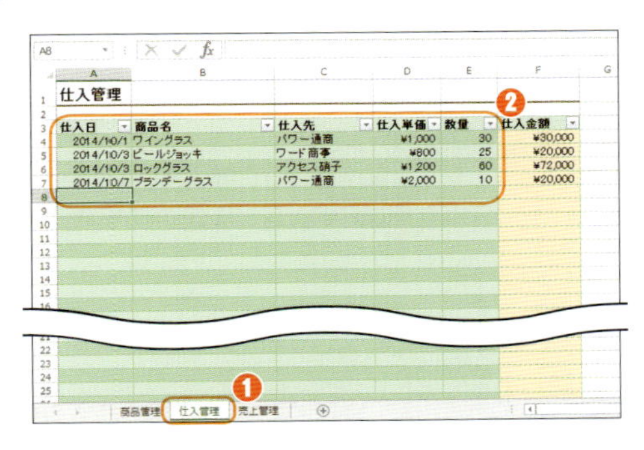

3 売上を記録する

商品を売り上げた場合は、「売上管理」シートを開き❶、「売上日」と「商品名」、「販売単価」、「数量」を入力します❷。

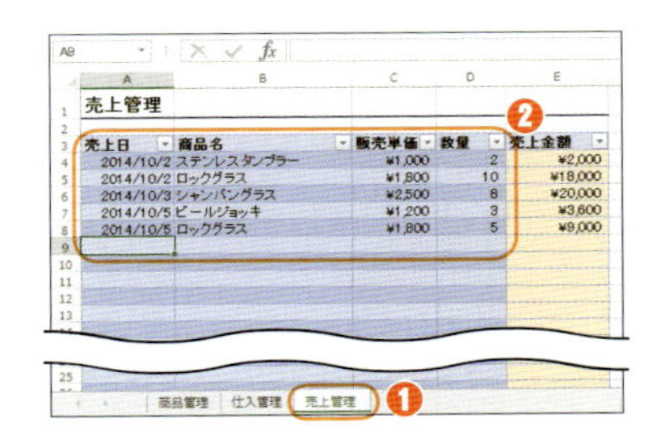

4 在庫を確認する

仕入と売上の記録を入力したら、再び「商品管理」シートを開きます❶。繰越在庫数と仕入・売上の記録から、商品ごとの集計結果と現在の在庫数が計算されて表示されます。

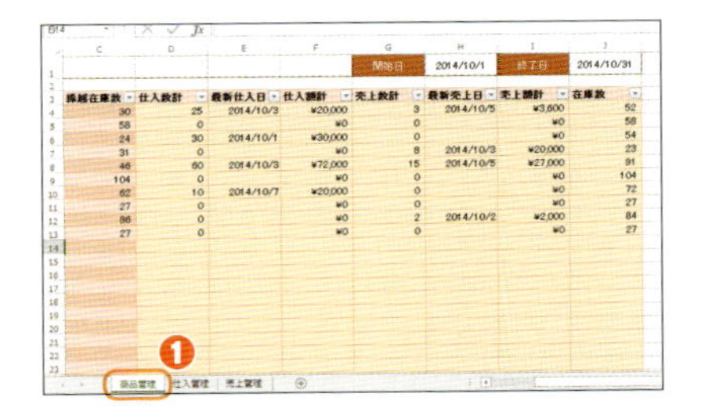

テーブルの「集計行」の表示を変更しよう

「商品管理」、「仕入管理」、「売上管理」の各シートではいずれもテーブルを使用しており、一番下に集計行を表示しています。集計行はテーブルの機能によって表示されるものです。ここではどの列でも「合計」を求めていますが、各セルを選択し、▼をクリックして、[平均] や [最大値] など、ほかの集計方法を選ぶことも可能です。

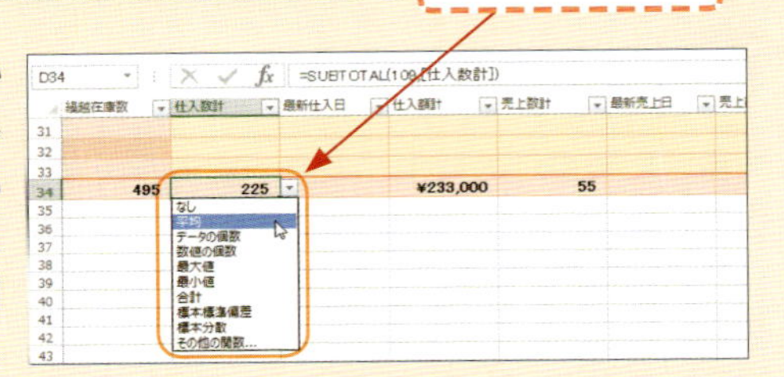

取引先別に売掛金と買掛金の状況を記録する

売掛金・買掛金の管理

37_売掛金買掛金記録.xlsx

企業間取引における売掛金・買掛金の発生と、入金または支払状況をそれぞれ記録していきます。それをもとに、売掛金・買掛金の取引先別に、現在の残高が表示されます。

やってみよう

売掛金と買掛金を記録する

ここでは、「売掛先企業」シートと「売掛金記録」シートの実際の使用手順を解説します。買掛金の記録もこれと同様の手順です。

Point

企業名をリストから入力

「売掛金記録」シートと「買掛金記録」シートの「取引先」列では、それぞれの取引先として入力した企業名を、リストから選んで入力できます。 ➡ p.93

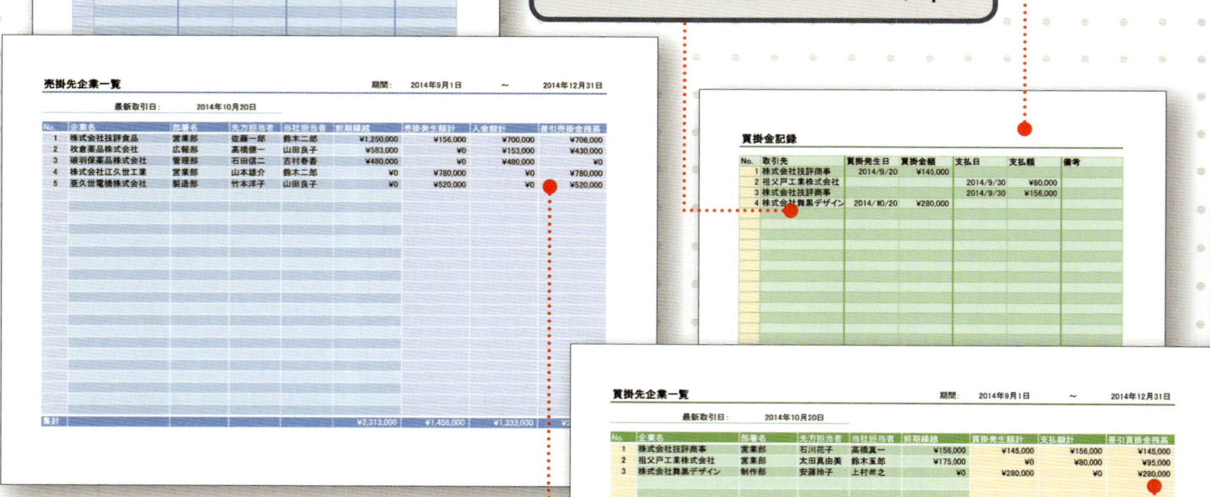

売掛金記録

No.	取引先	売掛発生日	売掛金額	入金日	入金額	備考
1	株式会社技評食品	2014/9/20	¥156,000			
2	株式会社江久世工業	2014/9/20	¥780,000			
3	枚倉薬品株式会社			2014/9/20	¥153,000	
4	破羽保薬品株式会社			2014/9/20	¥480,000	
5	株式会社技評食品			2014/9/30	¥700,000	
6	亜久世電機株式会社	2014/10/20	¥520,000			

売掛先企業一覧　　期間: 2014年9月1日 ～ 2014年12月31日

最新取引日: 2014年10月20日

No.	企業名	部署名	先方担当者	当社担当者	前期繰越	売掛発生額計	入金額計	差引売掛金残高
1	株式会社技評食品	営業部	佐藤一郎	鈴木二郎	¥1,250,000	¥156,000	¥700,000	¥706,000
2	枚倉薬品株式会社	広報部	高橋健一	山田良子	¥583,000	¥0	¥153,000	¥430,000
3	破羽保薬品株式会社	管理部	石田信二	吉村春香	¥480,000	¥0	¥480,000	¥0
4	株式会社江久世工業	営業部	山本雄介	鈴木二郎	¥0	¥780,000	¥0	¥780,000
5	亜久世電機株式会社	製造部	竹本洋子	山田良子	¥0	¥520,000	¥0	¥520,000
集計					¥2,313,000	¥1,456,000	¥1,333,000	

買掛金記録

No.	取引先	買掛発生日	買掛金額	支払日	支払額	備考
1	株式会社技評商事	2014/9/20	¥145,000			
2	祖父戸工業株式会社			2014/9/30	¥80,000	
3	株式会社技評商事			2014/9/30	¥156,000	
4	株式会社舞黒デザイン	2014/10/20	¥280,000			

買掛先企業一覧　　期間: 2014年9月1日 ～ 2014年12月31日

最新取引日: 2014年10月20日

No.	企業名	部署名	先方担当者	当社担当者	前期繰越	買掛発生額計	支払額計	差引買掛金残高
1	株式会社技評商事	営業部	石川花子	高橋真一	¥156,000	¥145,000	¥156,000	¥145,000
2	祖父戸工業株式会社	営業部	太田真由美	鈴木五郎	¥175,000	¥0	¥80,000	¥95,000
3	株式会社舞黒デザイン	制作部	安藤玲子	上村[illegible]之	¥0	¥280,000	¥0	¥280,000
集計					¥331,000	¥425,000	¥236,000	¥520,000

Point

取引先企業別に自動集計

売掛金と買掛金の発生と入金・支払の状況を記録すると、「売掛先企業」シートと「買掛先企業」シートで、取引先別に現在の残高が表示されます。

取引先の情報を入力して売掛金を記録する

ここでは売掛金を記録する手順を解説します。まず「売掛先企業」シートに、取引先企業の情報を入力します。そして、「売掛金記録」シートに売掛金の発生および入金の状況などを入力していくと、取引先別の現在の売掛金の残高を確認できます。

1 売掛先企業の情報を入力する

「売掛先企業」シートを開き❶、「企業名」、「部署名」、「先方担当者」、「当社担当者」、「前期繰越」の各列にそれぞれ情報を入力します❷。

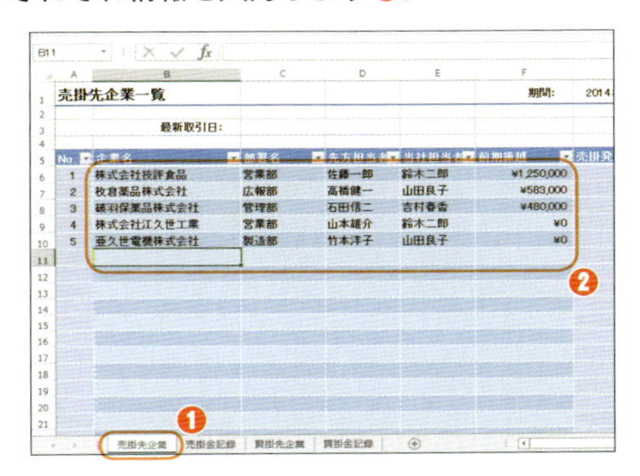

No	企業名	部署名	先方担当者	当社担当者	前期繰越
1	株式会社技評食品	営業部	佐藤一郎	鈴木二郎	¥1,250,000
2	枚倉薬品株式会社	広報部	高橋健一	山田良子	¥583,000
3	破羽保薬品株式会社	管理部	石田信二	吉村春香	¥480,000
4	株式会社江久世工業	営業部	山本雄介	鈴木二郎	¥0
5	亜久世電機株式会社	製造部	竹本洋子	山田良子	¥0

2 売掛金の発生を記録する

売掛金が発生した場合は、「売掛金記録」シートを開き❶、「取引先」、「売掛発生日」、「売掛金額」を入力します❷。

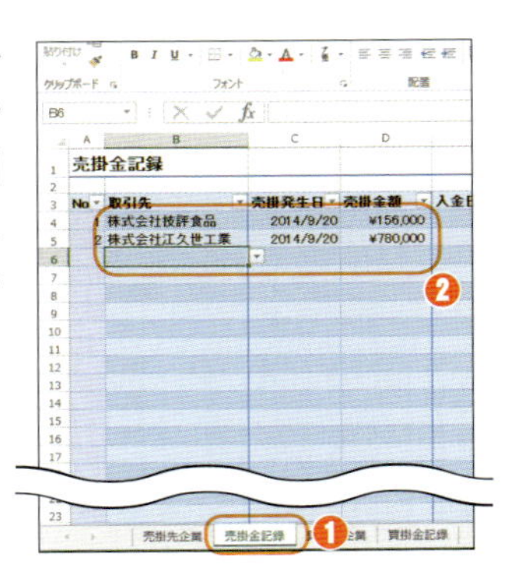

No	取引先	売掛発生日	売掛金額
1	株式会社技評食品	2014/9/20	¥156,000
2	株式会社江久世工業	2014/9/20	¥780,000

3 売掛金の入金を記録する

売掛金の入金があった場合は、「売掛金記録」シートの「取引先」、「入金日」、「入金額」を入力します❶。

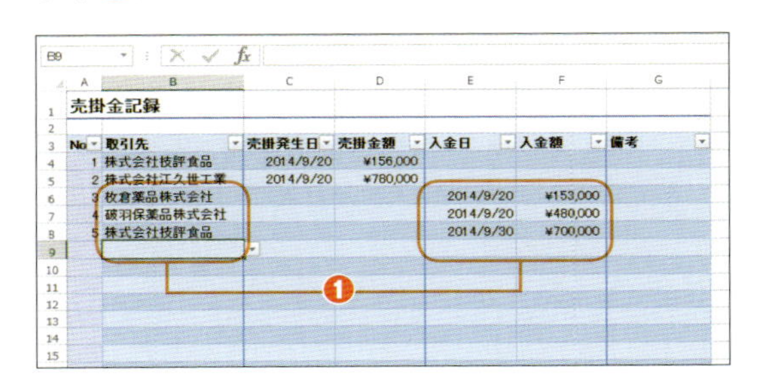

No	取引先	売掛発生日	売掛金額	入金日	入金額	備考
1	株式会社技評食品	2014/9/20	¥156,000			
2	株式会社江久世工業	2014/9/20	¥780,000			
3	枚倉薬品株式会社			2014/9/20	¥153,000	
4	破羽保薬品株式会社			2014/9/20	¥480,000	
5	株式会社技評食品			2014/9/30	¥700,000	

4 売掛金の状況を確認する

売掛金の発生と入金の記録を入力したら、再び「売掛先企業」シートを開きます。前期繰越額と売掛金の発生額・入金額の記録から、取引先ごとの売掛金の残高が表示されます。

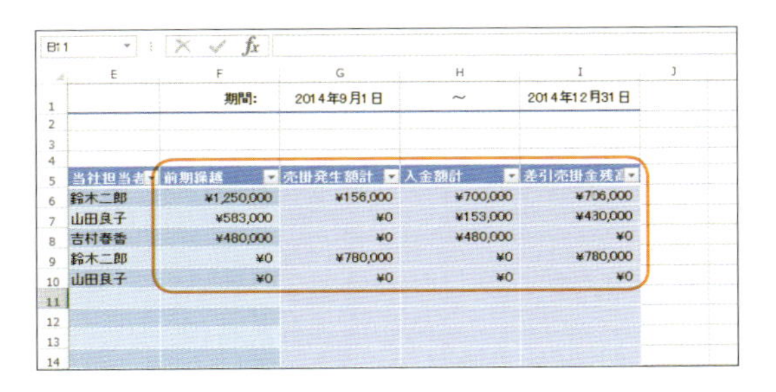

当社担当者	前期繰越	売掛発生額計	入金額計	差引売掛金残高
鈴木二郎	¥1,250,000	¥156,000	¥700,000	¥706,000
山田良子	¥583,000	¥0	¥153,000	¥430,000
吉村春香	¥480,000	¥0	¥480,000	¥0
鈴木二郎	¥0	¥780,000	¥0	¥780,000
山田良子	¥0	¥0	¥0	¥0

買掛金の発生と支払を記録しよう

ここでは「売掛先企業」シートと「売掛金記録」シートで、売掛金の状況を記録する手順を紹介しました。「買掛先企業」シートと「買掛金記録」シートを使うと、まったく同様の手順で買掛金の状況を記録し、現在の残高を確認できます。

買掛金の発生と支払を記録

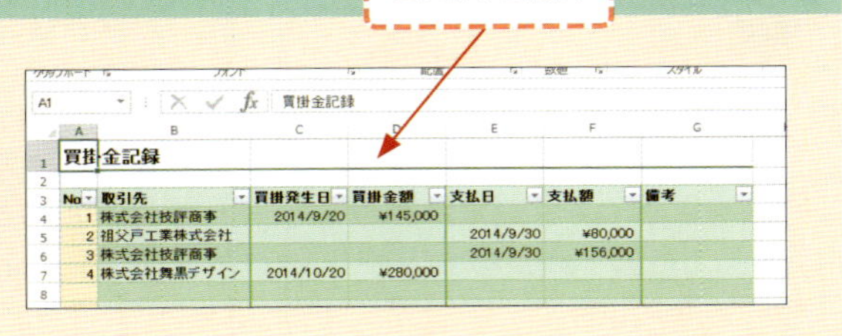

No	取引先	買掛発生日	買掛金額	支払日	支払額	備考
1	株式会社技評商事	2014/9/20	¥145,000			
2	祖父戸工業株式会社			2014/9/30	¥80,000	
3	株式会社技評商事			2014/9/30	¥156,000	
4	株式会社舞黒デザイン	2014/10/20	¥280,000			

作業ごとに進行スケジュールをチェックできる

プロジェクトの工程管理

38_工程管理.xlsx

プロジェクトの各作業について、それぞれのスケジュールをわかりやすく表すための工程管理表です。指定した開始日と期間に応じて、セルの色が自動的に変化します。

Point 同じ年と月は矢印で表示

「年」と「月」が左のセルと同じである場合、条件付き書式により、「→」で表示されます。 ➡ p.91

やってみよう 各作業の日程を表示

スケジュールの表示開始日と表示間隔を設定し、各作業の開始日と期間を指定して、それぞれの日程に当たるセルの色を変化させます。

工程管理　　作成日：2014/7/25

案件名	技評食品Webページリニューアル	現場責任者	山田一郎	管理責任者	鈴木壮一

表示開始日	2014/8/8		
完了予定日	2014/10/31		
表示間隔	毎日	期間設定	平日

作業内容	開始日	期間																																予定期限
		年	14	→	→	→	→	→	→	→	→	→	→	→	→	→	→	→	→	→	→	→	→	→	→	→	→	→	→	→	→	→	→	
		月	8	→	→	→	→	→	→	→	→	→	→	→	→	→	→	→	→	→	→	→	→	→	→	→	9	→	→	→	→	→	→	
		日	8	9	10	11	12	13	14	15	16	17	18	19	20	21	22	23	24	25	26	27	28	29	30	31	1	2	3	4	5	6	7	
			金	土	日	月	火	水	木	金	土	日	月	火	水	木	金	土	日	月	火	水	木	金	土	日	月	火	水	木	金	土	日	
ラフデザイン作成	2014/8/8	5																																2014/8/14
基本設計	2014/8/11	21																																2014/9/8
イラスト制作	2014/9/1	10																																2014/9/12
DBプログラミング	2014/8/1	30																																2014/9/11

Point 設定に応じて日付を自動表示

「表示開始日」と「表示間隔」の設定に応じて、数式によって「年」、「月」、「日」の表示が自動的に変化します。

Point 曜日に応じて文字色を変更

表示される曜日が「土」の場合は青、「日」の場合は赤の文字で表示します。これも条件付き書式の設定によるものです。

➡ p.112

Point 予定期限を自動表示

各作業の「開始日」と「期間」、および「期間設定」に応じて、「予定期限」が数式によって自動的に表示されます。

やってみよう

全体の日程と各作業の予定を表示させる

ここでは「工程管理」の使用方法を解説します。まず「表示開始日」と「表示間隔」を指定して、工程表全体の日付の表示を指定します。次に、各作業の期間の表示を設定し、それぞれの作業の内容と開始日、期間を指定すると、セルの色が変化して各予定を表します。

1 表示開始日を入力する

[B5:E5] の結合セルに、工程表の1日目となる日付を入力します❶。[B6:E6] の結合セルには、案件の完了予定日を入力しますが❷、これは省略もできます。

2 表示間隔を選択する

[B7] セルをクリックし、▼ をクリックして❶、設定したい表示間隔を選択します。ここでは「毎日」を選びます❷。これは、各作業の工程を表示する単位を指定するものです。このほか、「月」、「週」、「平日」も選択できます。

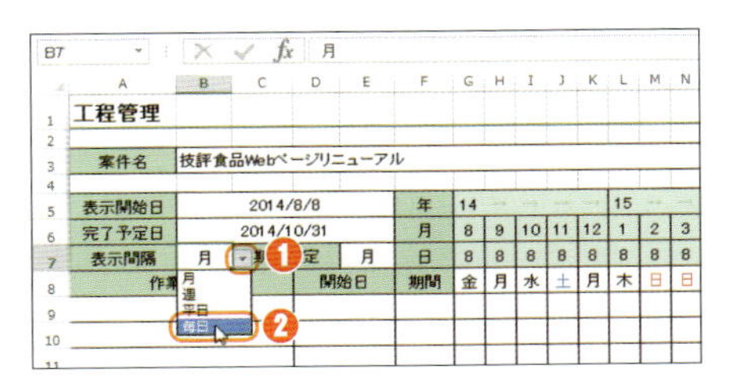

3 期間を設定する

[E7] セルをクリックし、▼ をクリックして❶、設定したい期間の間隔を選択します。ここでは「週」を選びます❷。これは、各作業の期間を表示する単位を指定するものです。

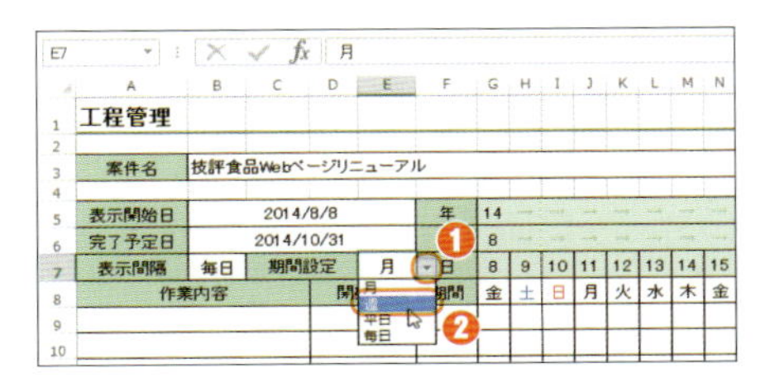

4 作業の内容を入力する

9行目以下に、各「作業内容」とその「開始日」、「期間」を入力していきます❶。選択した「期間設定」に応じて、開始日から指定期間までを表すセルの色が変化します。

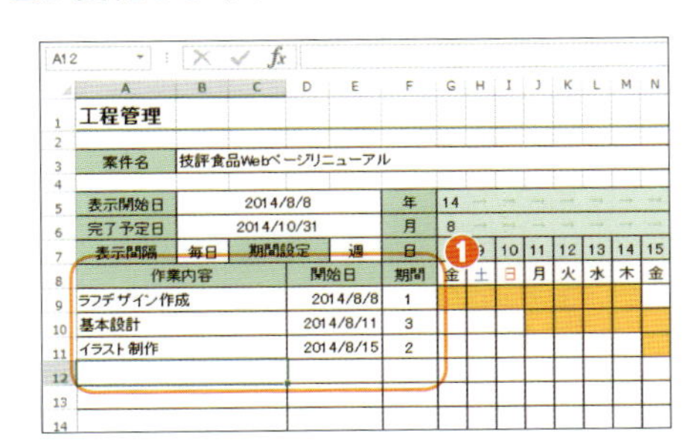

覚えておこう

プロジェクトの長さに応じて工程表を変更しよう

この工程管理では、表示できるコマ数は31までです。数カ月にわたる長いプロジェクトの全体のスケジュールを表示したい場合は、「表示間隔」を「月」や「週」などにして、各作業内容も大きなまとまりで表すようにしてください。

詳細な予定を表示したい場合は、この1ページの工程表で表すことは不可能なので、月単位などで複数の工程表を作成していきます。この作例の原本から各月の工程表を作成し、それぞれ別名で保存してください。

業務に必要な物品購入の申請をする

物品購入のための稟議書

39_稟議書.xlsx

業務で必要となる、比較的高価なものを購入する際に、上司や関係部署の許可を得るための書類です。購入費用は概算を調査・記入したうえで提出します。

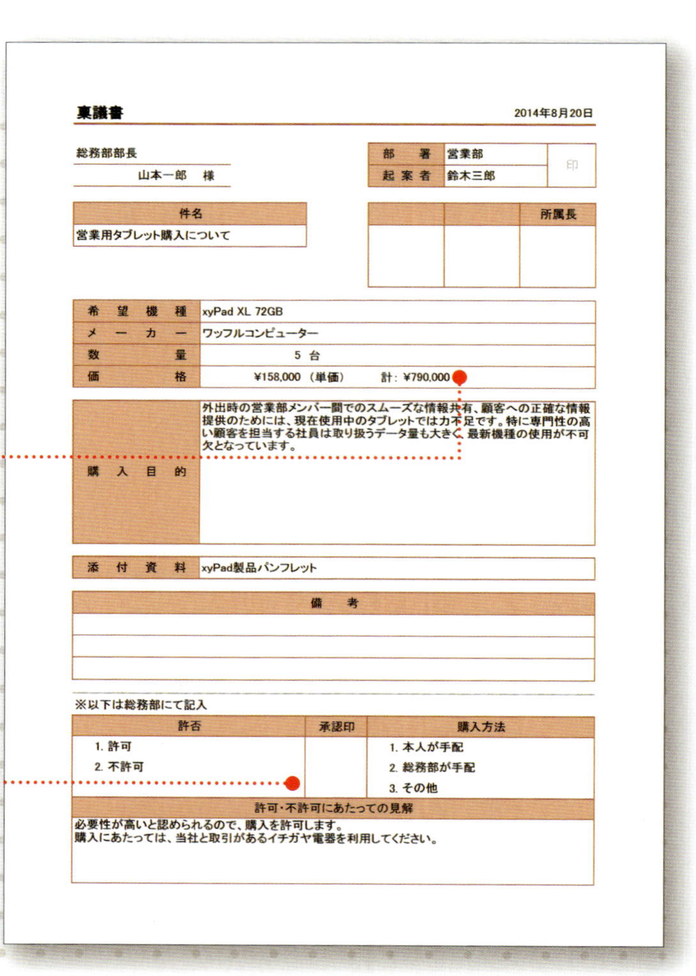

稟議書 2014年8月20日

総務部部長
山本一郎　様

部　署	営業部	印
起 案 者	鈴木三郎	

件名
営業用タブレット購入について

		所属長

希　望　機　種	xyPad XL 72GB
メ　ー　カ　ー	ワッフルコンピューター
数　量	5 台
価　格	¥158,000 （単価）　計：¥790,000
購　入　目　的	外出時の営業部メンバー間でのスムーズな情報共有、顧客への正確な情報提供のためには、現在使用中のタブレットでは力不足です。特に専門性の高い顧客を担当する社員は取り扱うデータ量も大きく、最新機種の使用が不可欠となっています。
添　付　資　料	xyPad製品パンフレット

備　考

※以下は総務部にて記入

許否	承認印	購入方法
1. 許可 2. 不許可		1. 本人が手配 2. 総務部が手配 3. その他

許可・不許可にあたっての見解
必要性が高いと認められるので、購入を許可します。 購入にあたっては、当社と取引があるイチガヤ電器を利用してください。

Point 数量と単価から予算を計算

数量と単価を入力すると、数式によって、それらを乗算した金額が表示されます。 ➡ p.98

Point 横幅の異なる枠

横幅の異なる枠が上下に並んだ、複雑なレイアウトを設定しています。これには「セルの結合」を利用しています。 ➡ p.65

Point 許可・不許可を画面で指定

印刷しても使えますが、画面上で許可・不許可を指定したい場合は、[D25] セルの ▼ から「1」か「2」を選択します。「購入方法」についても同様です。

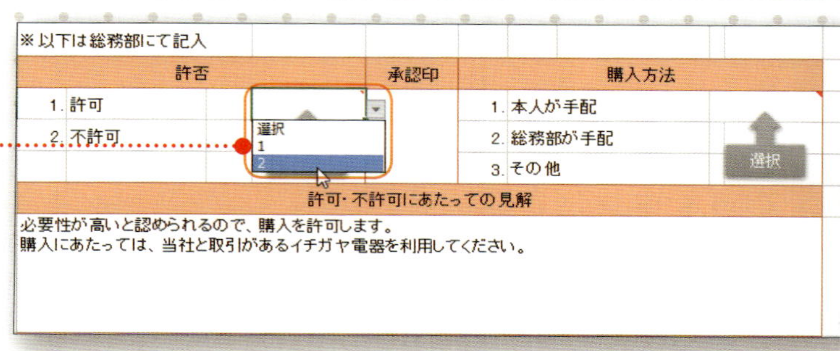

※以下は総務部にて記入

許否	承認印	購入方法
1. 許可 2. 不許可	選択 1 2	1. 本人が手配 2. 総務部が手配 3. その他

許可・不許可にあたっての見解
必要性が高いと認められるので、購入を許可します。 購入にあたっては、当社と取引があるイチガヤ電器を利用してください。

社外業務と社内業務を時間区切りで報告できる

毎日の業務内容を報告する営業日報

40_営業日報.xlsx

外回りの多い営業社員の使用を想定した日報です。訪問先などを時間区切りで記録して、その際にまとまった商談の受注額なども入力できます。

Point
各業務を時間単位で報告
営業で得意先などを訪れた時間を記録できます。社内業務についても、同様に時間単位で報告できます。

Point
受注額の合計を計算
確定した受注や、受注の見込みがあった場合は、それぞれの金額を入力します。数式により、その合計が表示されます。

➡ p.99

Point
経費の報告
外回りの業務では交通費もかかります。支出した費用を記入しておくと、数式により、その合計が表示されます。

➡ p.99

Point
テキストボックスに入力
長い文章の入力が必要となる部分は、セルの書式で対応するよりも「テキストボックス」を利用するほうが便利です。

➡ p.104

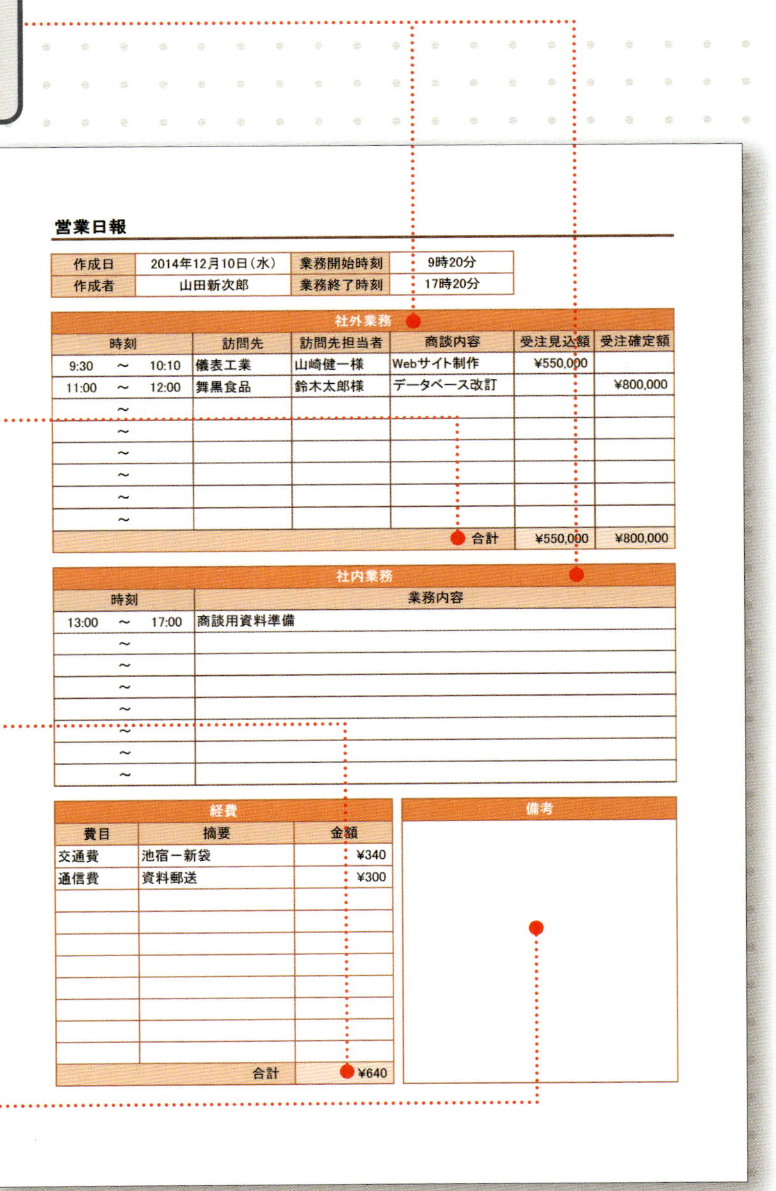

営業日報

作成日	2014年12月10日（水）	業務開始時刻	9時20分
作成者	山田新次郎	業務終了時刻	17時20分

社外業務

時刻			訪問先	訪問先担当者	商談内容	受注見込額	受注確定額
9:30	～	10:10	儀表工業	山崎健一様	Webサイト制作	¥550,000	
11:00	～	12:00	舞黒食品	鈴木太郎様	データベース改訂		¥800,000
	～						
	～						
	～						
	～						
	～						
	～						
					合計	¥550,000	¥800,000

社内業務

時刻			業務内容
13:00	～	17:00	商談用資料準備
	～		
	～		
	～		
	～		
	～		
	～		
	～		

経費

費目	摘要	金額
交通費	池宿－新袋	¥340
通信費	資料郵送	¥300
	合計	¥640

備考

遅刻・早退や直行・直帰、休暇の取得にも利用できる

各種届出に使える勤務時間変更届

41_勤務時間変更届.xlsx

何らかの事情で、遅刻や早退など、勤務時間を変更せざるを得ない場合は、その事情に応じた届け出を提出します。この作例１つでさまざまな届出に対応できます。

Point 変更内容を選択

フォームコントロールのオプションボタンで、「変更内容」として、「欠勤」、「遅刻」、「早退」などから選択できます。

➡ p.120

Point 選択肢に応じて入力欄が変化

「変更内容」で選んだ内容に応じて、「届出」と「実際」の入力欄の内容が変化します。会社ごとの決まりに合わせて、不要な項目は空欄にするなどして対応します。

Point テキストボックスに入力

長い文章の入力が必要となる部分は、セルの書式で対応するよりも「テキストボックス」を利用するほうが便利です。

➡ p.104

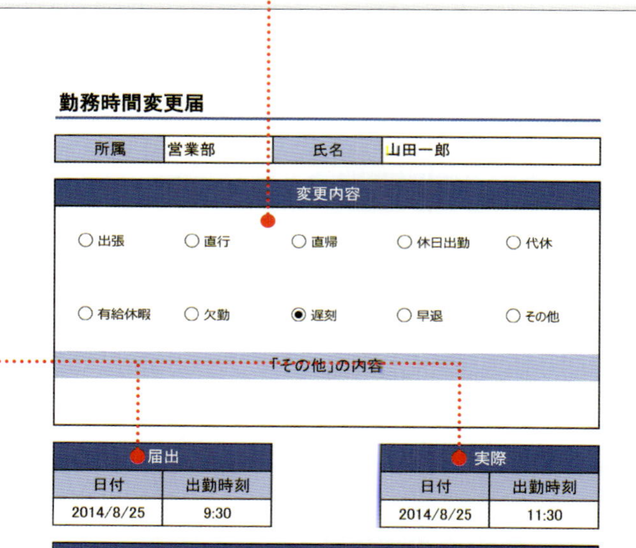

勤務時間変更届

所属	営業部	氏名	山田一郎

変更内容

○出張　○直行　○直帰　○休日出勤　○代休
○有給休暇　○欠勤　◉遅刻　○早退　○その他

「その他」の内容

届出	
日付	出勤時刻
2014/8/25	9:30

実際	
日付	出勤時刻
2014/8/25	11:30

変更事由

自宅引っ越しに伴う諸手続きのため

社長	所属長	提出者

エクセルの基本操作

本書の作例を作成するうえで覚えておくと便利な、エクセルの基本的な操作について解説します。これらの操作をマスターしておけば、本書の作例だけでなく、さまざまな書類の作成に役立ちます。

セル範囲のデータを移動する

セル範囲のデータを他の場所に移動する方法を解説します。[切り取り] や [貼り付け] の操作でも可能ですが、「ドラッグアンドドロップ」の機能を使うほうが簡単です。

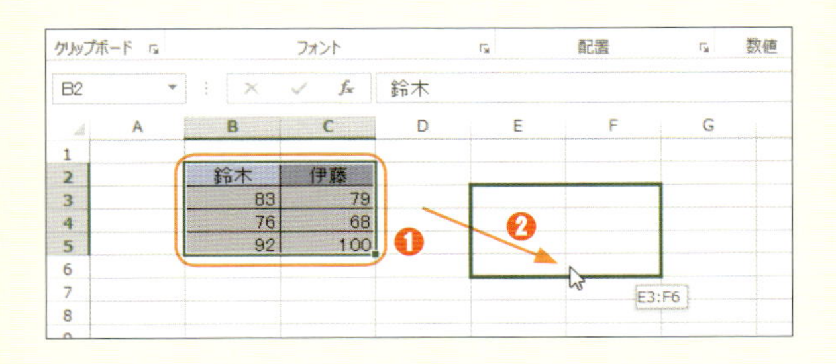

1 選択範囲をドラッグする

[B2:C5] のセル範囲をドラッグして選択します❶。選択範囲の枠の部分にマウスポインターを合わせ、✥ の形になったら、[E3:F6] のセル範囲までドラッグして、マウスのボタンを離します❷。

	A	B	C	D	E	F	G
1							
2							
3					鈴木	伊藤	
4					83	79	
5					76	68	
6					92	100	
7							
8							

2 セル範囲のデータが移動した

[B2:C5] のセル範囲のデータが [E3:F6] のセル範囲へ移動しました。

ワンポイントアドバイス

Ctrl キーを押しながらこの「ドラッグアンドドロップ」の操作を行うと、元の位置にデータを残したまま、ドラッグした先の位置にセル範囲のデータをコピーできます。

セルのデータを連続でコピーする

1つのセルに入力されたデータを隣接するセル範囲にコピーしたい場合、「オートフィル」の機能を使うと便利です。「オートフィル」は、連続データの入力にも利用できます。

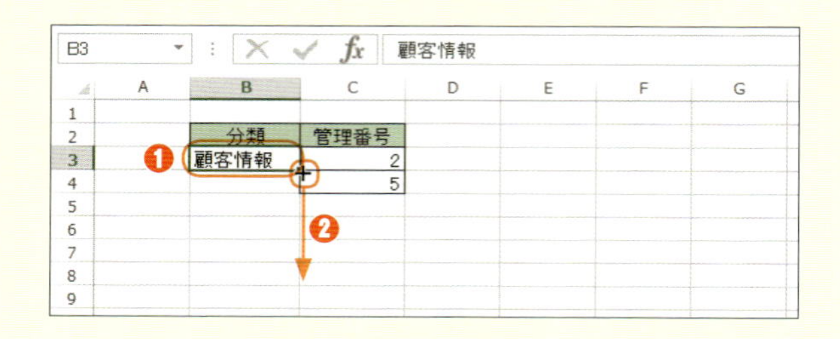

1 1つのセルのフィルハンドルをドラッグする

[B3] セルをクリックして選択し❶、右下のフィルハンドルにマウスポインターを合わせ、＋ の形になったら [B8] セルまでドラッグします❷。

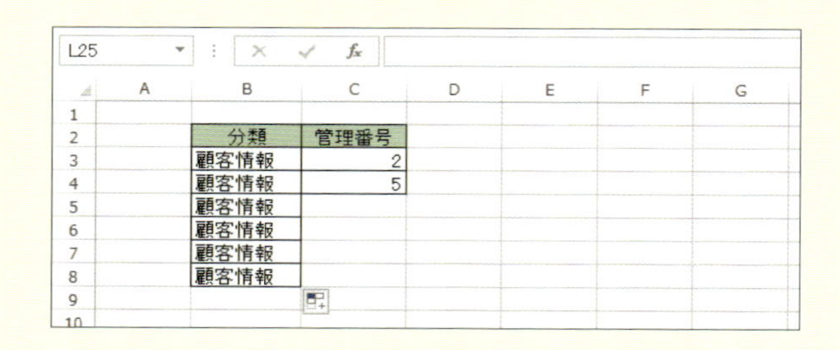

2 セルのデータがコピーされた

[B3] セルのデータが [B4] セルから [B8] セルまでのすべてのセルにコピーされました。

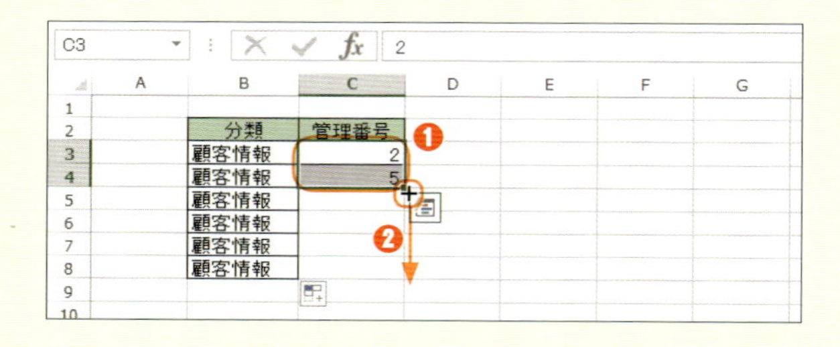

3 2つのセルのフィルハンドルをドラッグする

[C3:C4] のセル範囲を選択し❶、右下のフィルハンドルにマウスポインターを合わせ、＋ の形になったら [C8] セルまでコピーします❷。

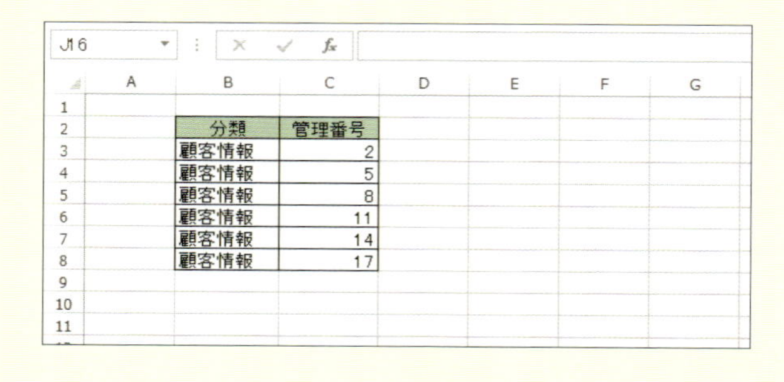

4 セル範囲に連続データが入力された

[C5] セルから [C8] セルまでの各セルに、[C3] セルと [C4] セルを基準とする連続データが入力されました。

2つのセルを選択して「オートフィル」の操作を行うと、最初のセルと次のセルとの差の分だけ、自動的に増減する連続データが入力されます。

ワンポイントアドバイス

1つのセルを選択し、Ctrlキーを押しながらフィルハンドルを下または右へドラッグすると、選択したセルの数値を開始値として、1ずつ増加していく連続データを入力できます。同様に上または左へドラッグすると、1ずつ減少していく連続データを入力できます。

数値の表示形式を設定する

エクセルでは、セルに入力されている数値に、桁区切りのカンマや通貨記号などを付けて表示できます。ここでは、桁区切りのカンマを付けた「数値」の表示形式を設定します。

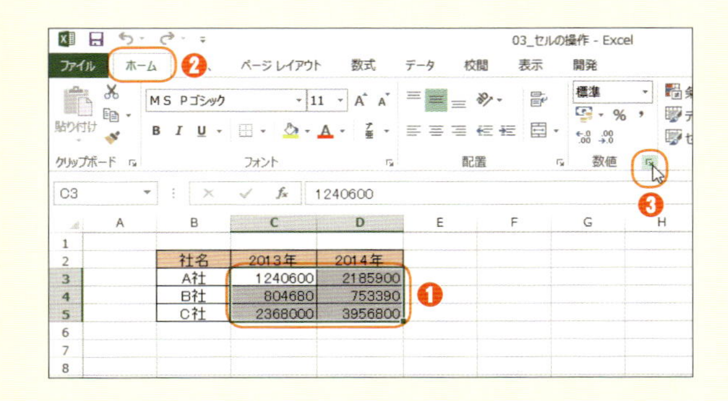

1 ［セルの書式設定］ダイアログボックスを表示する

［C3:D5］のセル範囲をドラッグして選択し❶、［ホーム］タブをクリックして❷、［数値］グループタイトル右の をクリックします❸。

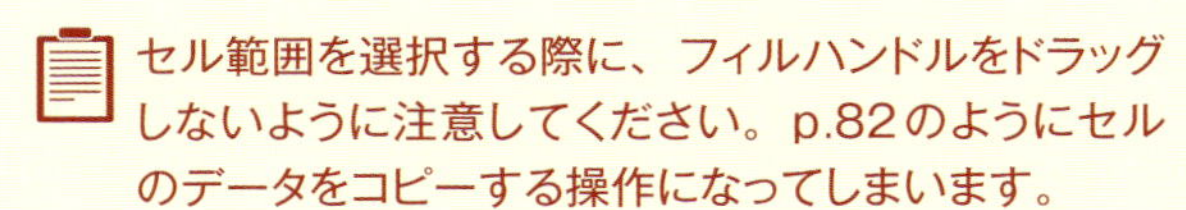

セル範囲を選択する際に、フィルハンドルをドラッグしないように注意してください。p.82のようにセルのデータをコピーする操作になってしまいます。

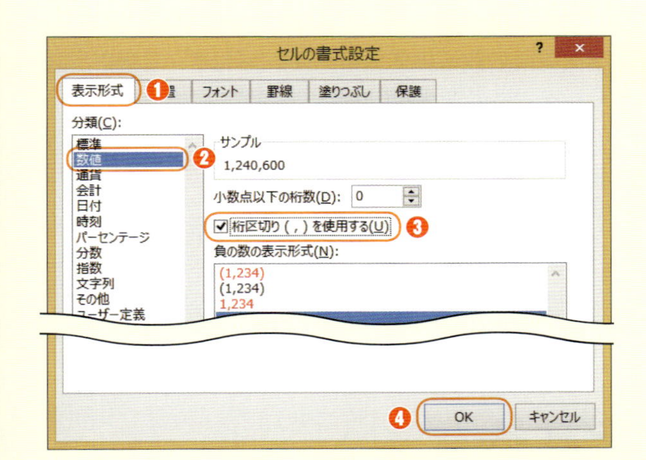

2 桁区切り記号付きの数値の表示形式を指定する

［セルの書式設定］ダイアログボックスの［表示形式］タブをクリックし❶、［分類］欄で「数値」をクリックします❷。「桁区切り（,）を使用する」をクリックしてチェックを付け❸、［OK］をクリックします❹。

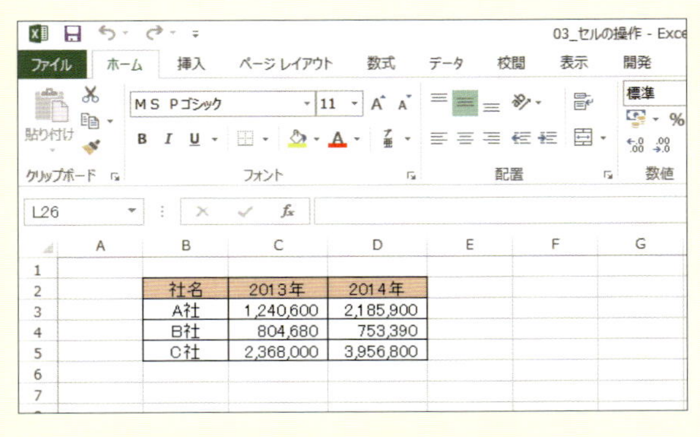

3 数値の表示形式が設定された

選択範囲の数値が、整数単位で3桁ごとに「,」を付けて表示されます。

「数値」の表示形式を設定すると、セルに入力された数値の右側が、少し空いて表示されます。

ワンポイントアドバイス

手順2で「小数点以下の桁数」を「0」にすると、小数点以下は表示されなくなりますが、実際のデータは変化しておらず、あくまでも表示形式が変わっただけです。「小数点以下の桁数」を「1」以上に指定すると、整数データでも指定した小数点以下の桁数まで「0」が表示されます。

金額の表示形式を設定する

金額の表示形式としては、「通貨」や「会計」などの設定が用意されています。ここでは、リボンから簡単に円記号付きの通貨の表示形式を設定する手順を解説します。

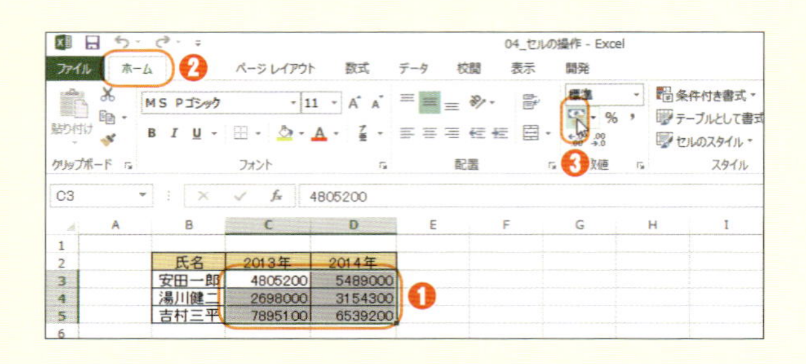

1 通貨の表示形式を設定する

［C3:D5］のセル範囲をドラッグして選択し❶、［ホーム］タブをクリックして❷、［数値］グループの［通貨表示形式］ をクリックします❸。

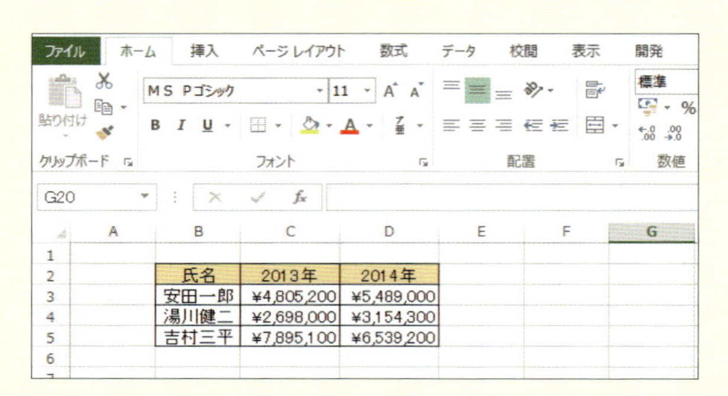

2 通貨の表示形式が設定された

選択範囲の数値の先頭に「¥」が付き、3桁ごとに「,」を付けて表示されます。

ワンポイントアドバイス

［通貨表示形式］右の をクリックすると、「$」（ドル）や「€」（ユーロ）など、そのほかの通貨記号の付いた表示形式も選べます。

05
セルの操作

日付の表示形式を設定する

日付データもさまざまな形式で表示することが可能ですが、簡単に設定できるのは「2015/2/18」や「2015年2月18日」のような形式です。ここでは後者の設定方法を解説します。

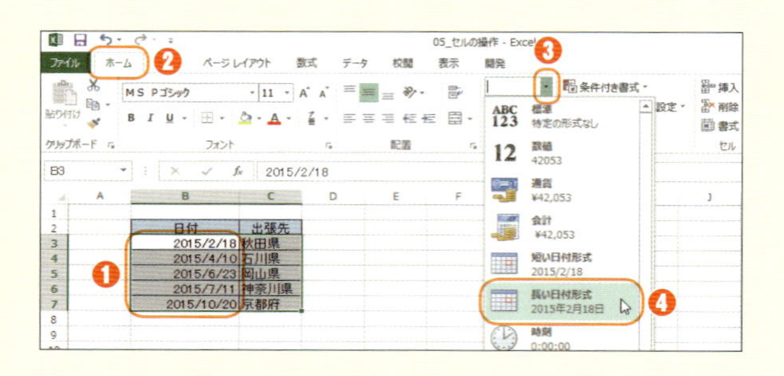

1 日付の表示形式を設定する

［B3:B7］のセル範囲をドラッグして選択し❶、［ホーム］タブをクリックします❷。［数値］グループの［表示形式］右の をクリックし❸、［長い日付形式］をクリックします❹。

2 日付の表示形式が設定された

選択範囲の日付が「2015年2月18日」のような形式で表示されます。

ユーザー定義の表示形式を設定する

数値や金額などの既存の形式以外にも、ユーザーが独自の表示形式を定義することが可能です。ここでは、数値が４桁未満の場合は、その分だけ先頭に「0」を付けて表示させます。

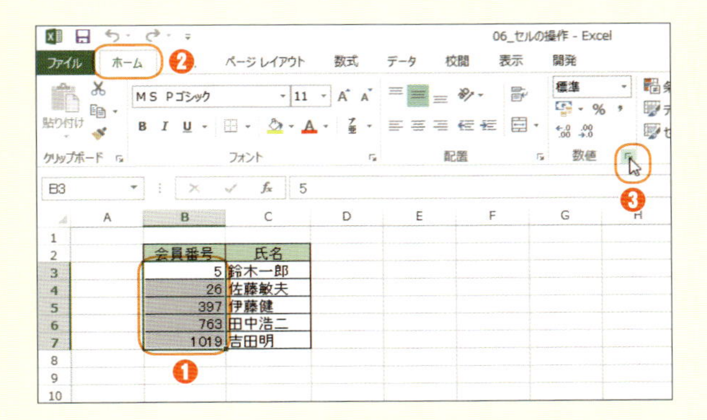

1 ［セルの書式設定］ダイアログボックスを表示する

［B3:B7］のセル範囲をドラッグして選択し❶、［ホーム］タブをクリックして❷、［数値］グループタイトル右の をクリックします❸。

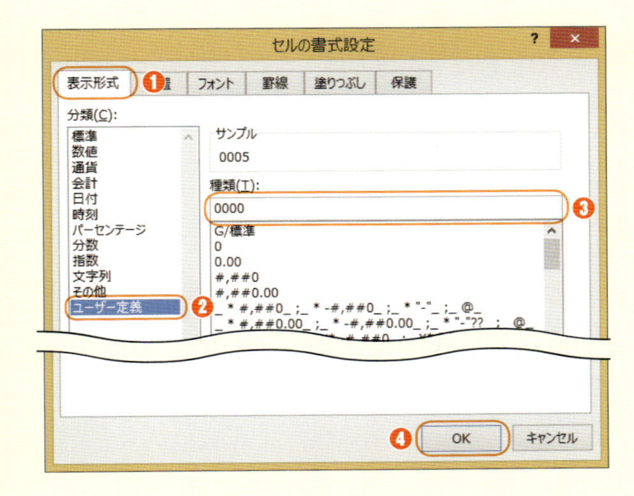

2 常に４桁以上で表す表示形式を指定する

［セルの書式設定］ダイアログボックスの［表示形式］タブをクリックし❶、［分類］欄で「ユーザー定義」をクリックします❷。「種類」欄に「0000」と入力し❸、［OK］をクリックします❹。

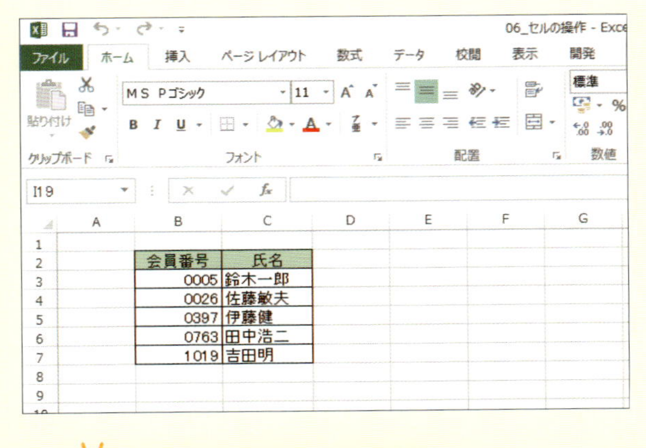

3 数値の表示形式が設定された

選択範囲の数値が、すべて4桁以上で表示されます。

4桁以上（1000以上）の整数は、実際の値がそのまま表示されます。必ず整数単位になり、小数点以下は表示されません。

ワンポイントアドバイス

表示形式のユーザー定義で使用する書式記号で、「0」はその桁の数値を必ず表示するという指定になります。このほかにも、数値や日付、時刻など、さまざまなデータを表すための書式記号が使用できます。

表の途中に空白を挿入する

入力済みの表にデータを追加したい場合、行単位や列単位で空白を挿入できます。また、セル単位で空白を挿入し、元の位置にあったセルを下や右へずらすことも可能です。

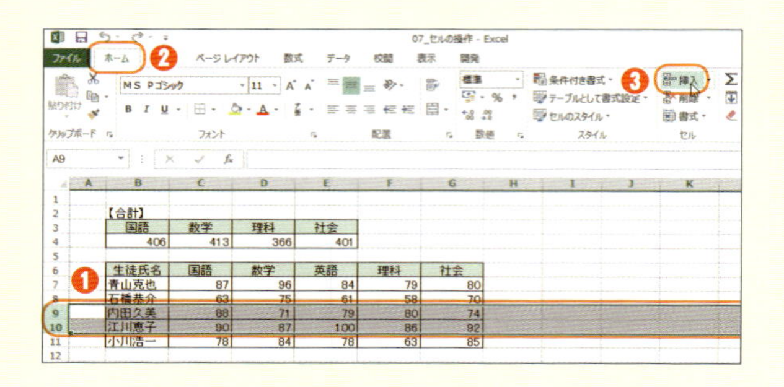

1 2行の空白行を挿入する

[9:10] 行の行番号をドラッグして行単位で選択し❶、[ホーム] タブをクリックして❷、[セル] グループの [挿入] をクリックします❸。

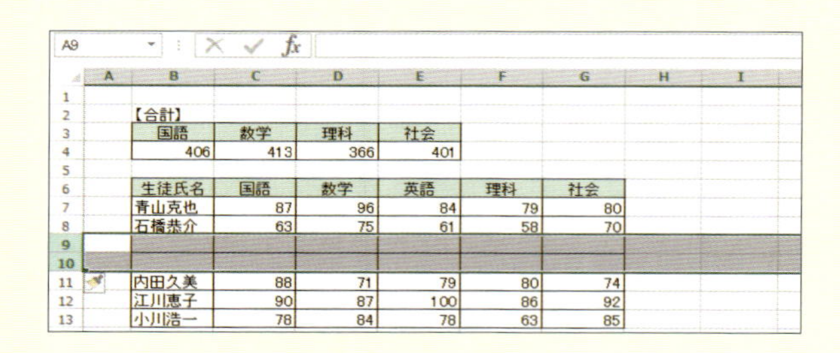

2 表に空白行が挿入された

[9:10] 行に空白行が挿入され、既存の行が下にずれます。

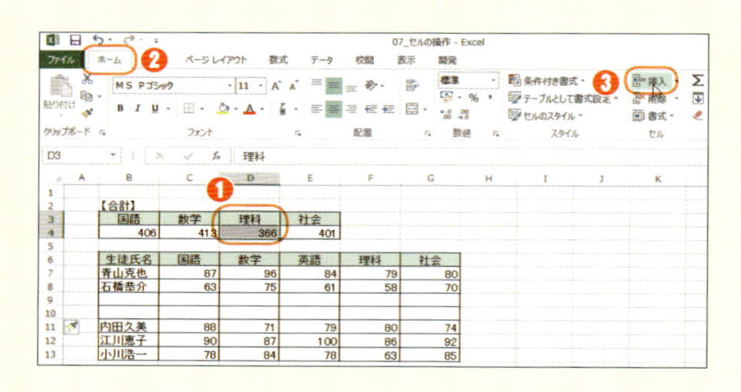

3 空白のセルを挿入する

[D3:D4] のセル範囲を選択し❶、[ホーム] タブをクリックして❷、[セル] グループの [挿入] をクリックします❸。

【合計】

国語	数学		理科	社会
406	413		366	401

生徒氏名	国語	数学	英語	理科	社会
青山克也	87	96	84	79	80
石橋恭介	63	75	61	58	70
内田久美	88	71	79	80	74
江川恵子	90	87	100	86	92
小川浩一	78	84	78	63	85

4 空白のセル範囲が挿入された

[D3:D4] のセル範囲に空白が挿入され、元の位置にあったセルが右方向にずれます。

ワンポイントアドバイス

セル範囲を選択して [ホーム] タブの [セル] グループの [挿入] をクリックしたとき、元の位置のセルがずれる方向（右または下）は、選択範囲のサイズ（行数×列数）によって決まります。選択範囲の列数が行数より多い場合は下、行数が列数より多い場合は右へ移動します。また、[挿入] 右の ▾ をクリックして、[セルの挿入] をクリックすると、ずれる方向をダイアログボックスで指定できます。

セルのデータを中央揃えにする

通常、数値データはセルの右揃え、文字列データは左揃えで表示されますが、データの種類に限らず表示位置を変更することが可能です。ここでは、対象のデータを左右中央揃えにします。

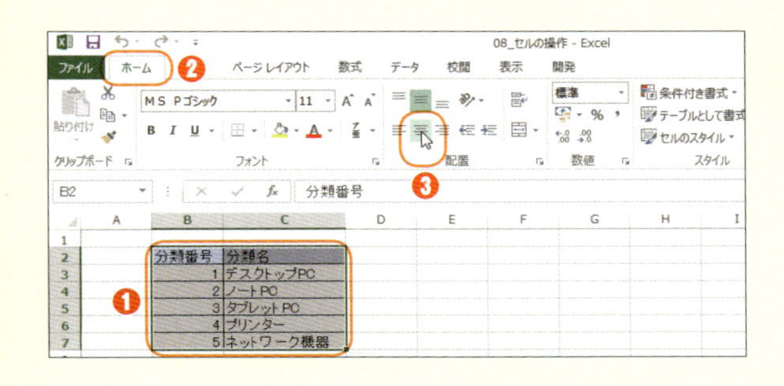

1 選択範囲を中央揃えにする

[B2:C7] のセル範囲をドラッグして選択し❶、[ホーム] タブをクリックして❷、[配置] グループの [中央揃え] をクリックします❸。

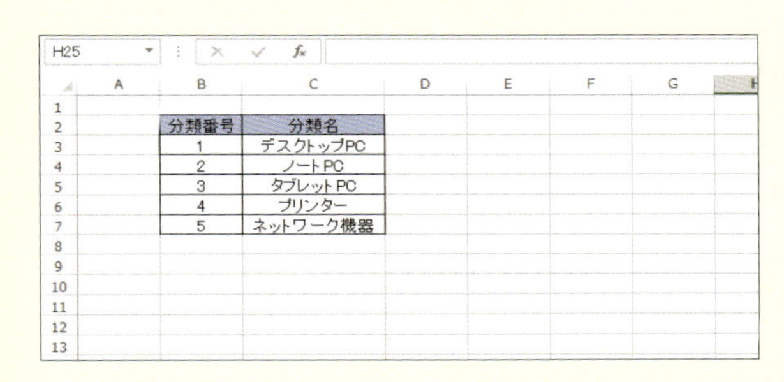

2 中央揃えが設定された

選択範囲のデータが、セルの左右中央に表示されます。

ワンポイントアドバイス

[ホーム] タブの [配置] グループから [左揃え] や [右揃え] に設定することも可能です。また、縦位置の配置も同様に変更できます。

セルのデータを字下げする

セルに表示されている文字列や数値を、先頭より右方向に下げて表示させることが可能です。この設定を「インデント」(字下げ) と呼び、下げる段階も指定できます。

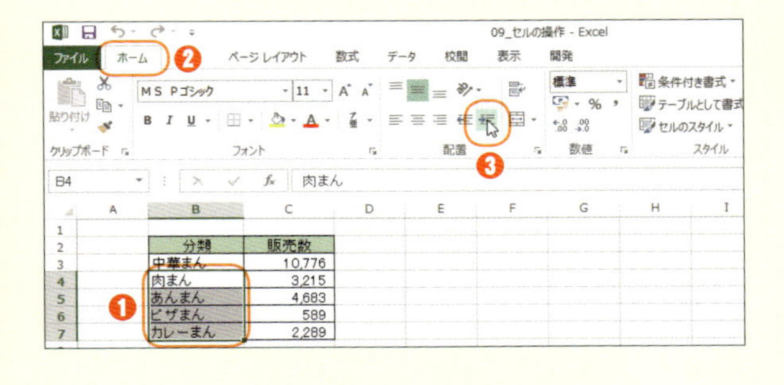

1 1段階のインデントを設定する

[B4:B7] のセル範囲をドラッグして選択し❶、[ホーム] タブをクリックして❷、[配置] グループの [インデントを増やす] をクリックします❸。

分類	販売数
中華まん	10,776
肉まん	3,215
あんまん	4,683
ピザまん	589
カレーまん	2,289

2 インデントが設定された

選択範囲のデータが、1段階字下げして表示されます。

セルのデータの表示幅を揃える

文字数が異なるけれど見た目を揃えたい見出しなどは、文字数に関わらず、セルの中に同じ幅で並べることが可能です。これには、セルの配置の［均等割り付け］の設定をします。

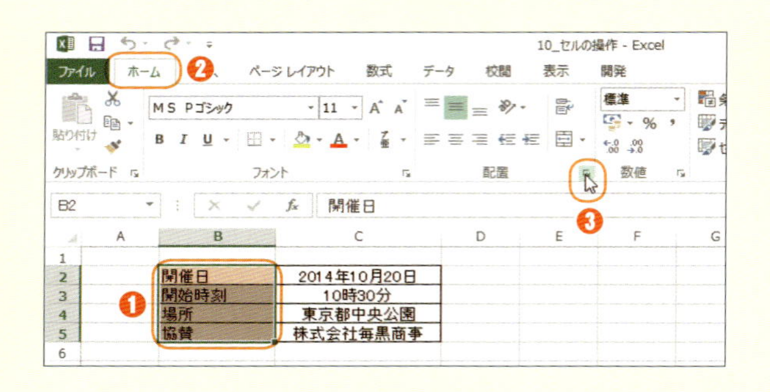

1 セルの配置を設定する

［B2:B5］のセル範囲をドラッグして選択し❶、［ホーム］タブをクリックして❷、［配置］グループタイトル右の をクリックします❸。

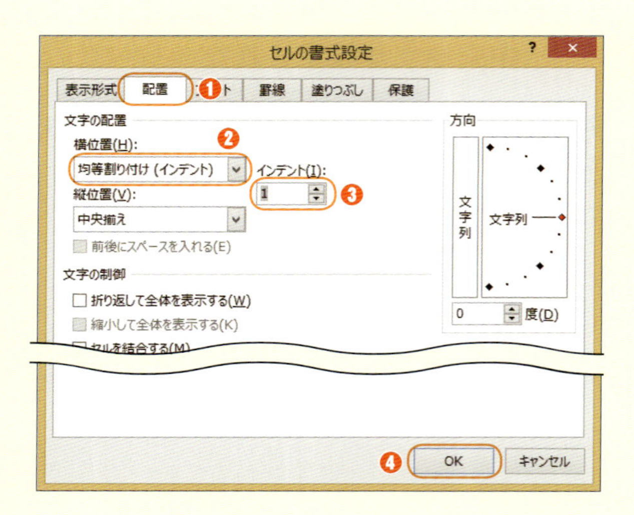

2 均等割り付けを設定する

［セルの書式設定］ダイアログボックスの［配置］タブをクリックし❶、［横位置］欄で［均等割り付け（インデント）］を選択します❷。［インデント］欄に「1」と入力し❸、［OK］をクリックします❹。

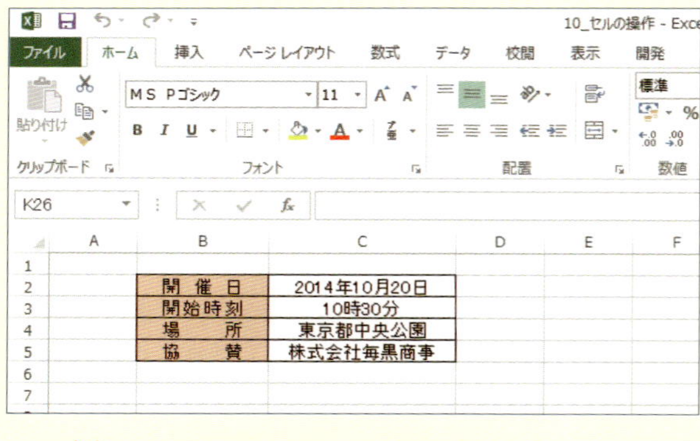

3 均等割り付けが設定された

選択範囲の文字列が、すべて同じ幅に均等割り付けされて表示されます。

文字列の幅は、文字間を広げて表示することで調整されます。1文字の場合は中央揃えになります。

ワンポイントアドバイス

［均等割り付け（インデント）］の設定で［インデント］を指定した場合、セルの両端に同じだけ間隔が空きます。［両端揃え］も似たような設定に思えますが、これはセル内の文字列が複数行に渡る場合、終端で折り返している行をセルの両端に揃える設定であり、折り返しがない文字列の幅は同じになりません。

11 セルの操作 行や列を隠す

利用者に見せたくない、あるいは操作されたくないデータは、行単位または列単位で隠すことが可能です。ここでは、行を隠す方法を解説します。

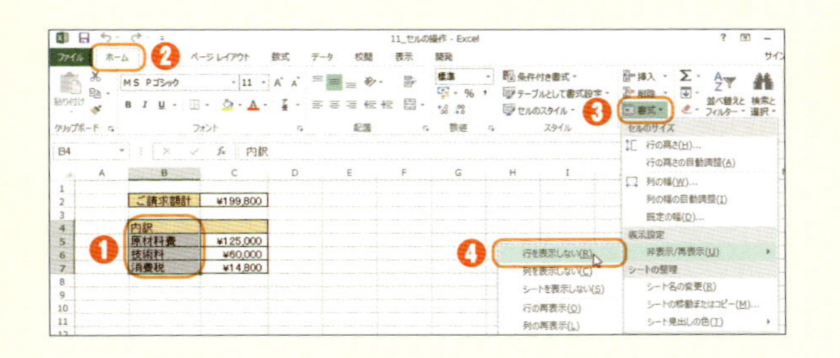

1 行を非表示にする

[B4:B7] のセル範囲をドラッグして選択し❶、[ホーム] タブをクリックします❷。[セル] グループの [書式] をクリックし❸、[表示/非表示] から [行を表示しない] をクリックします❹。

	A	B	C	D	E	F	G
1							
2		ご請求額計	¥199,800				
3							
8							
9							

2 行が非表示になった

選択範囲のセルを含む行が非表示になりました。

ワンポイントアドバイス

非表示にした行を再び表示するには、非表示にした行の前後のセル範囲（この例では [B3:B8]）を選択し、手順1の操作で [表示/非表示] から [行の再表示] をクリックします。

12 セルの操作 表を並べ替える

表の特定の列を基準として、行単位で並べ替えができます。ここでは会員リストの表を氏名の読みの五十音順で並べ替える方法を解説します。

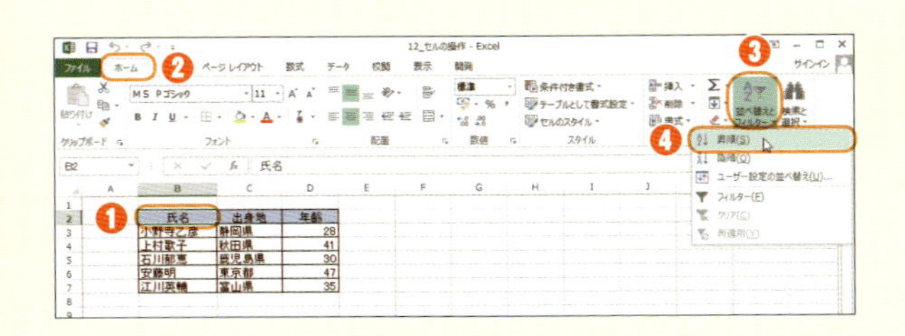

1 テーブルを昇順で並べ替える

「氏名」列のセルのいずれかをクリックし❶、[ホーム] タブをクリックします❷。[編集] グループの [並べ替えとフィルター] ❸→ [昇順] の順でクリックします❹。

	A	B	C	D	E	F	G
1							
2		氏名	出身地	年齢			
3		安藤明	東京都	47			
4		石川郁恵	鹿児島県	30			
5		上村歌子	秋田県	41			
6		江川英輔	富山県	35			
7		小野寺乙彦	静岡県	28			

2 表が並べ替えられた

会員リストが「氏名」の五十音順に並べ替えられました。

ワンポイントアドバイス

[昇順] とは小さいほうから大きいほうへと並べることで、文字列の場合は五十音順やアルファベット順などになります。[降順] はその逆の順番です。

条件に合うセルの書式を変える

条件を指定し、それに合うセルのみ、塗りつぶしの色や文字の色などの書式を変化させることができます。ここでは、選択範囲内で、50より小さい数値のセルの文字は濃い緑、背景は通常の緑で表示するように設定します。

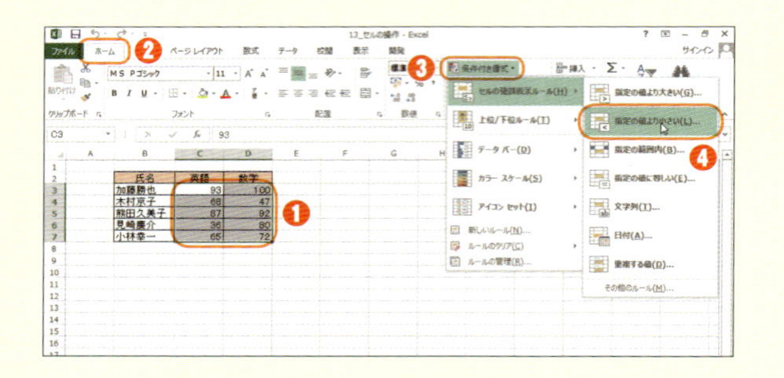

1 セルの強調表示ルールを設定する

[C3:D7] のセル範囲をドラッグして選択し❶、[ホーム] タブをクリックします❷。[スタイル] グループの [条件付き書式] をクリックし❸、[セルの強調表示ルール] から [指定の値より小さい] をクリックします❹。

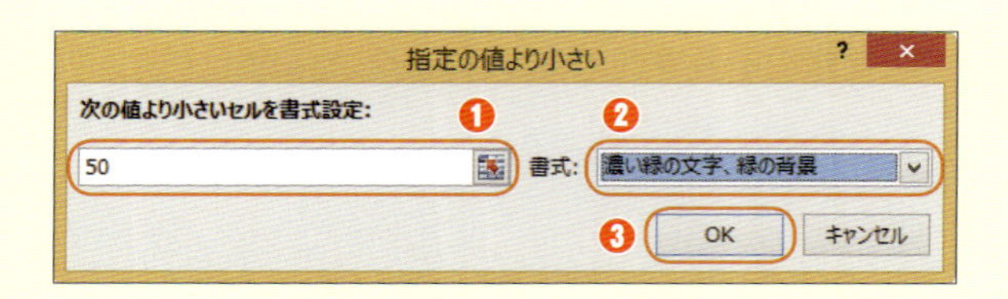

2 条件と書式を指定する

[指定の値より小さい] ダイアログボックスで「50」と入力し❶、[書式] 欄で [濃い緑の文字、緑の背景] を選択して❷、[OK] をクリックします❸。

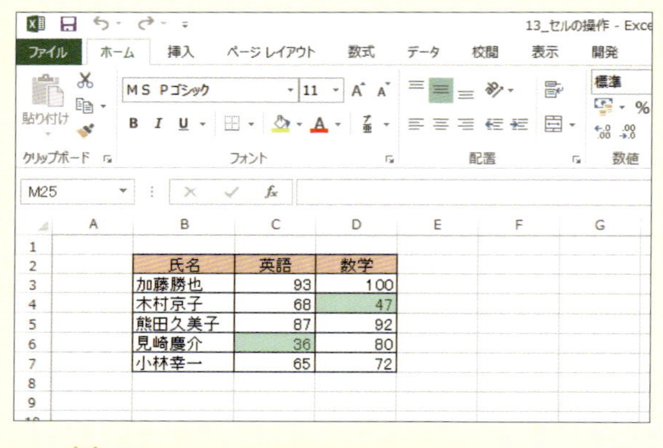

3 条件付き書式が設定された

選択範囲の中で、50より小さい数値のセルの文字が濃い緑で、背景は緑で表示されます。

セルの数値を変更して50以上にすると、セルが本来の書式に戻ります。

ワンポイントアドバイス

ここでは [指定の値より小さい] という条件を設定していますが、同様に [指定の値より大きい] や [指定の範囲内] といった条件を設定することもできます。また、変更する書式として、あらかじめ用意されている書式以外を指定したい場合は、[書式] 欄で [ユーザー設定の書式] を選択し、表示される [セルの書式設定] ダイアログボックスで書式を指定します。

条件付き書式の設定を解除するには、対象のセル範囲を選択した状態で [ホーム] タブの [スタイル] グループの [条件付き書式] をクリックし、[ルールのクリア] から、[選択したセルからルールをクリア] をクリックします。また、特定の条件付き書式の設定 (ルール) を削除したい場合は、やはり [条件付き書式] から [ルールの管理] をクリックし、表示される [条件付き書式ルールの管理] ダイアログボックスで削除したいルールを選択し、[ルールの削除] をクリックします。

書式を変える条件を数式で指定する

「条件付き書式」では、数式を利用することで、さらに複雑な条件が設定できます。ここでは、[C]列のセルが「休」の場合、そのセルを含む行を赤く塗りつぶすように設定します。

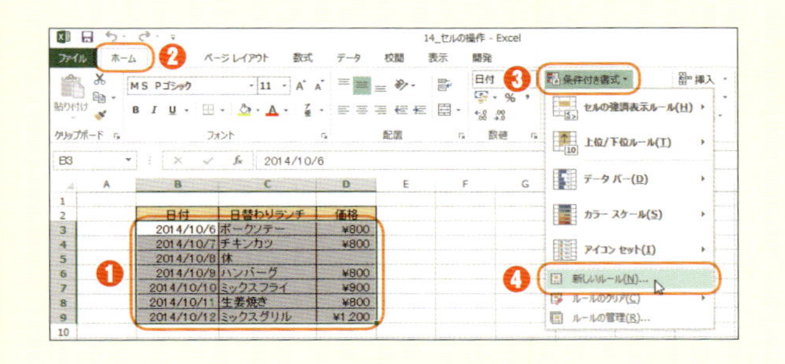

1 新しい書式ルールを設定する

[B3:D9] のセル範囲をドラッグして選択し❶、[ホーム] タブをクリックします❷。[スタイル] グループの [条件付き書式] をクリックし❸、[新しいルール] をクリックします❹。

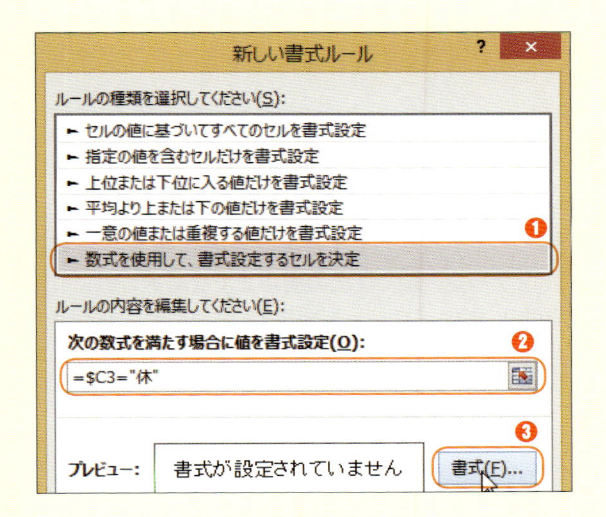

2 均等割り付けを設定する

[新しい書式ルール] ダイアログボックスで [数式を使用して、書式設定するセルを決定] をクリックし❶、数式として「=$C3="休"」と入力して❷、[書式] をクリックします❸。

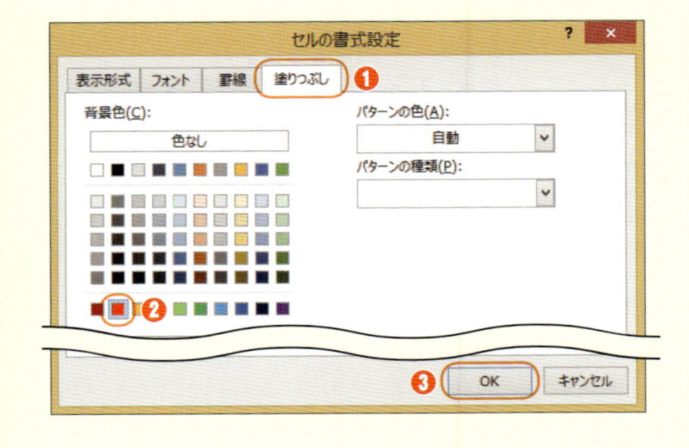

3 変化させる書式を設定する

[セルの書式設定] ダイアログボックスで [塗りつぶし] タブをクリックし❶、背景色として [赤] を選び❷、[OK] をクリックします❸。[新しい書式ルール] ダイアログボックスに戻り [OK] をクリックします。

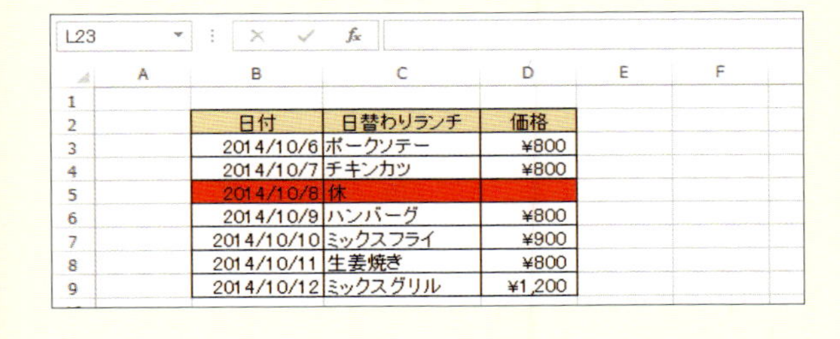

	A	B	C	D	E	F
1						
2		日付	日替わりランチ	価格		
3		2014/10/6	ポークソテー	¥800		
4		2014/10/7	チキンカツ	¥800		
5		2014/10/8	休			
6		2014/10/9	ハンバーグ	¥800		
7		2014/10/10	ミックスフライ	¥900		
8		2014/10/11	生姜焼き	¥800		
9		2014/10/12	ミックスグリル	¥1,200		

4 条件付き書式が設定された

[C] 列のセルの値が「休」である行が赤で塗りつぶされます。

入力できるデータを制限する

セルに入力するデータの種類や範囲を指定し、それ以外のデータは入力できないように制限することが可能です。ここでは、5以上の整数しかセルに入力できないように設定します。

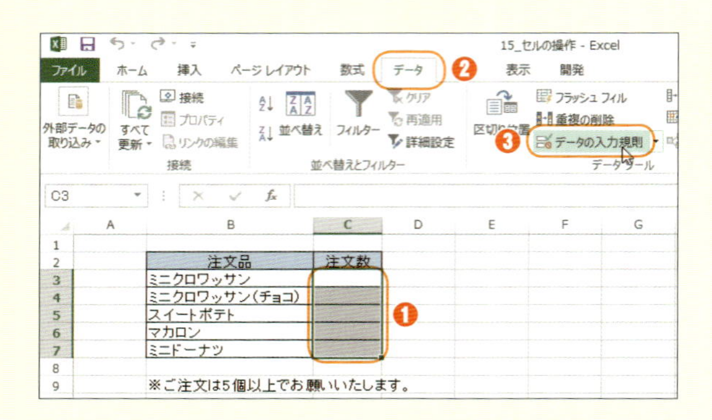

1 データの入力規則を設定する

［C3:C7］のセル範囲をドラッグして選択し❶、［データ］タブをクリックして❷、［データツール］グループの［データの入力規則］をクリックします❸。

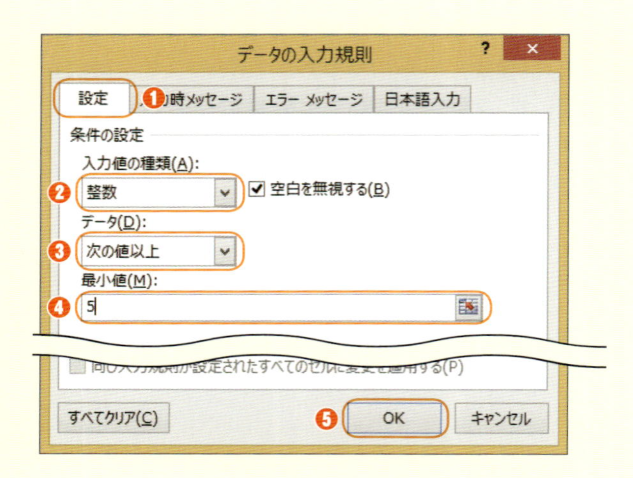

2 入力の条件を設定する

［データの入力規則］ダイアログボックスの［設定］タブをクリックし❶、［入力値の種類］欄で［整数］を❷、［データ］欄で［次の値以上］を選択します❸。［最小値］欄に「5」と入力して❹、［OK］をクリックします❺。

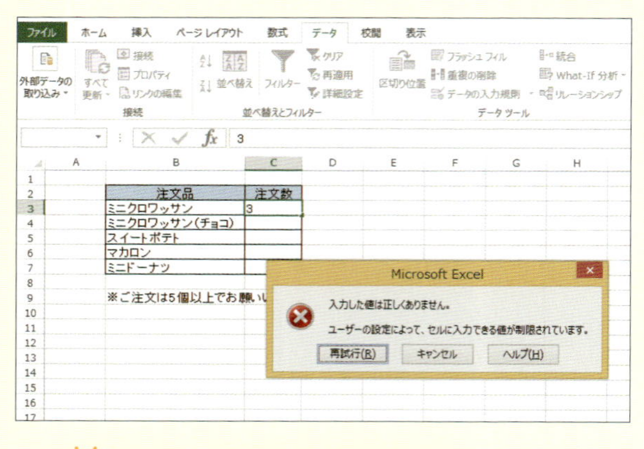

3 データの入力規則が設定された

選択範囲に［データの入力規則］が設定されます。これらのセルに5より小さい数値を入力しようとすると、エラーメッセージが表示され、入力することができません。

上記の設定をすると、「5.1」などの小数も入力できなくなります。日付データの場合は実体が整数であるため、入力が可能です。

ワンポイントアドバイス

［入力値の種類］欄では、［整数］以外にも［小数点数］、［日付］、［時刻］、［文字列］などさまざまなデータの種類が選択できます。また、［データ］欄でも、［次の値以上］のほか［次の値の間］や［次の値に等しい］など、さまざまな条件が選択できます。

リストから選んで入力できるようにする

セルに入力するデータの候補をドロップダウンリスト形式で表示し、クリックして入力できるようにします。ここでも「データの入力規則」の機能を利用します。

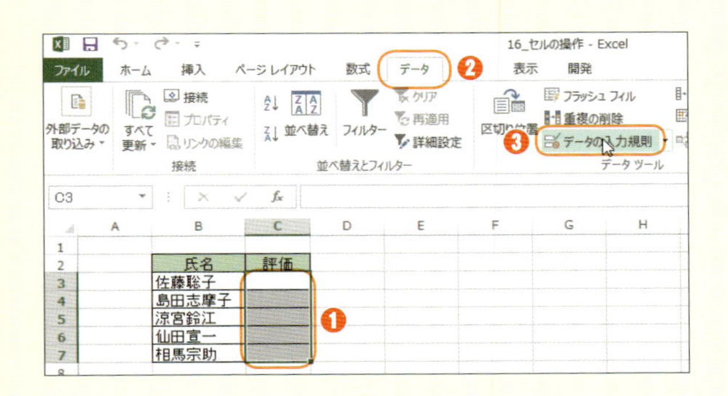

1 データの入力規則を設定する

［C3:C7］のセル範囲をドラッグして選択し❶、［データ］タブをクリックして❷、［データツール］グループの［データの入力規則］をクリックします❸。

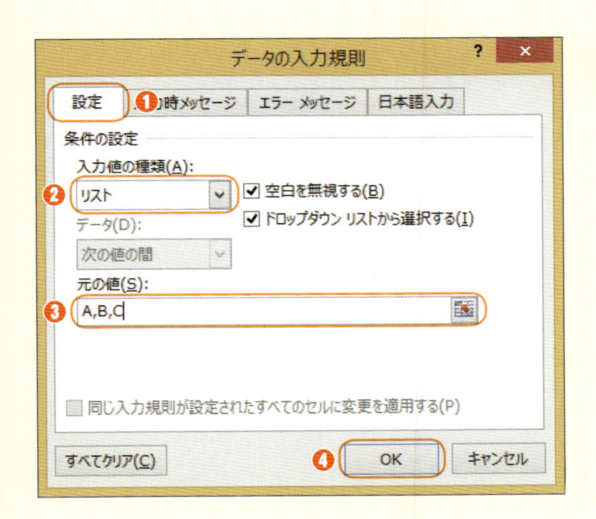

2 入力の条件を設定する

［データの入力規則］ダイアログボックスの［設定］タブをクリックし❶、［入力値の種類］欄で［リスト］を選び❷、［元の値］欄に「A,B,C」と入力して❸、［OK］をクリックします❹。

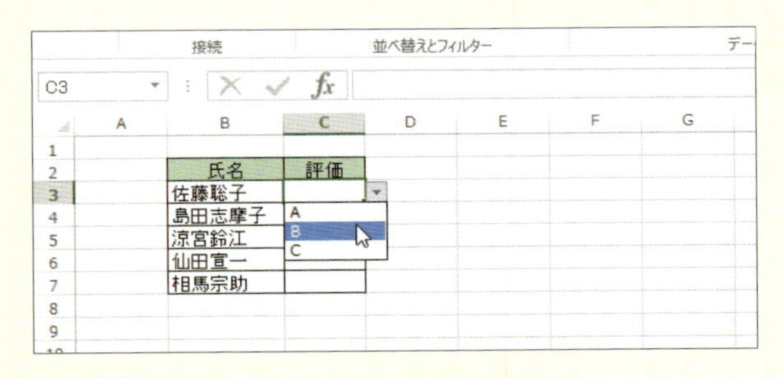

3 リストから入力する

設定したセルを選択すると、右側に ▼ が表示されます。クリックすると「A」「B」「C」という選択肢がリストで表示され、これらをクリックしてセルに入力できます。

ワンポイントアドバイス

［データの入力規則］の［リスト］の機能では、［元の値］として、上記のように入力候補のデータを直接指定する方法と、データが入力された1行または1列のセル範囲の参照を指定する方法があります。前者は、各入力候補を「,」（半角カンマ）で区切って指定します。後者は「セル参照」の機能を利用する方法で、［元の値］欄にカーソルを置いて、直接目的のセル範囲をドラッグすると、そこに入力されている値をリストの項目として取り込むことができます。

漢字にふりがなを表示する

キーボードからセルに入力された漢字には、通常、ふりがなの情報が自動的に設定されています。このふりがなは、セルの中で、漢字と上下に並べて表示することが可能です。

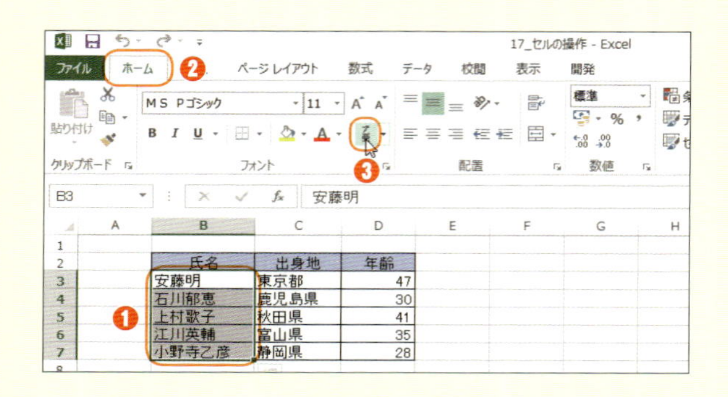

1 ふりがなを表示する

［B3:B7］のセル範囲をドラッグして選択し❶、［ホーム］タブをクリックして❷、［フォント］グループの［ふりがなの表示/非表示］をクリックします❸。

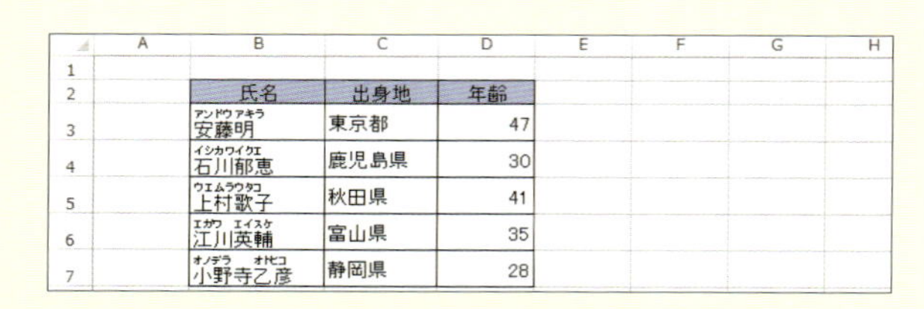

2 ふりがなが表示された

選択範囲の各セルに設定されていたふりがなが、漢字の上に表示されました。

ワンポイントアドバイス

［ふりがなの表示/非表示］をもう一度クリックすると、ふりがなが非表示になります。また、［ふりがなの表示/非表示］右の をクリックし、［ふりがなの設定］をクリックして表示される［ふりがなの設定］ダイアログボックスでは、ふりがなの文字種や配置、フォントなどが設定できます。

ワークシートを複製する

作成済みの書類のフォーマットを流用したい場合は、ブック内でそのワークシートを複製すると簡単です。その後、目的に応じてデータを修正するか、または最初から再入力します。

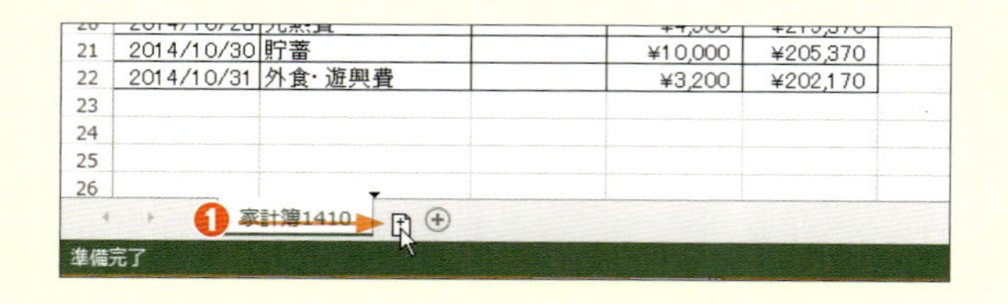

1 ワークシートを複製する

ワークシート「家計簿1410」のシート見出しにマウスポインターを合わせ、Ctrlキーを押しながら横へドラッグします❶。

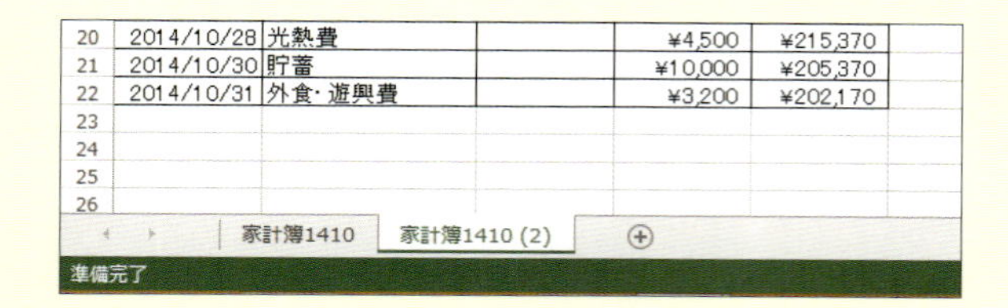

2 ワークシートが複製された

ドラッグした位置に、ワークシート「家計簿1410」が複製されます。シート名は「家計簿1410 (2)」などになります。

表示モードを切り替える

通常の表示モードの「標準ビュー」では、画面表示と印刷される内容が若干ずれてしまうことがあります。「ページレイアウトビュー」にすると、より印刷結果に近い画面で編集できます。

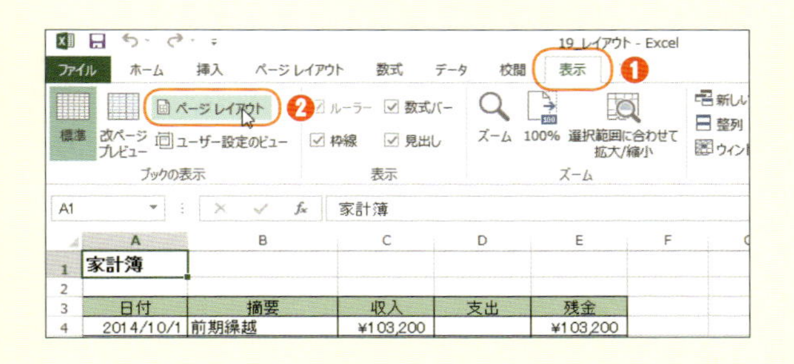

1 ページレイアウトビューに変更する

［表示］タブをクリックし❶、［ブックの表示］グループの［ページレイアウト］をクリックします❷。

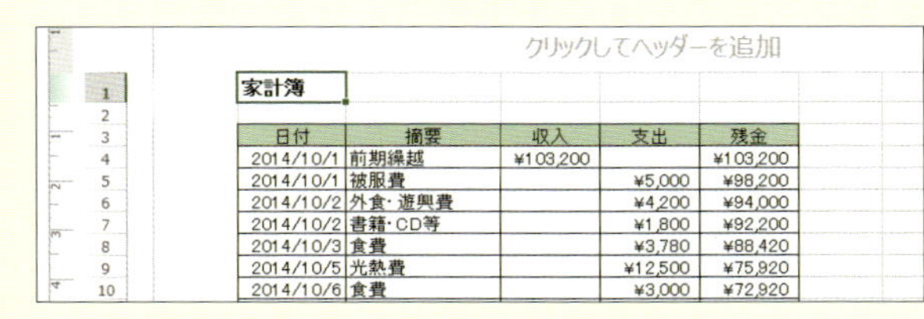

日付	摘要	収入	支出	残金
2014/10/1	前期繰越	¥103,200		¥103,200
2014/10/1	被服費		¥5,000	¥98,200
2014/10/2	外食・遊興費		¥4,200	¥94,000
2014/10/2	書籍・CD等		¥1,800	¥92,200
2014/10/3	食費		¥3,780	¥88,420
2014/10/5	光熱費		¥12,500	¥75,920
2014/10/6	食費		¥3,000	¥72,920

2 表示モードが変更された

表示モードが「ページレイアウトビュー」になり、ワークシートがページで区切られて表示されます。

ワンポイントアドバイス

「標準ビュー」では、行の高さはポイント単位、列の幅は独自の単位で表示されます。「ページレイアウトビュー」にすると、どちらもセンチメートル単位で表示されます。

20
印刷・ページレイアウト

見出しの行や列を常に表示する

ワークシートの広い範囲にデータが入力されている場合に、右側や下側にスクロールして作業しても、それがどの行・列のデータかがわかるように、行や列の先頭の部分を固定表示できます。

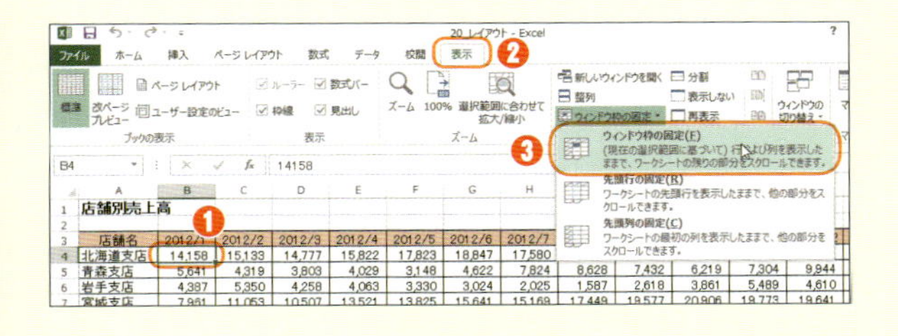

1 ウィンドウ枠を固定する

［B4］セルをクリックし❶、［表示］タブをクリックします❷。［ウィンドウ］グループの［ウィンドウ枠の固定］から［ウィンドウ枠の固定］をクリックします❸。

店舗別売上

店舗名	2013/10	2013/11	2013/12	2014/1	2014/2	2014/3	2014/4	2014/
千葉支店	34,386	32,964	34,355	36,815	35,574	35,309	38,482	40,13
東京本店	44,894	44,733	46,678	47,990	51,241	53,204	52,611	55,60
神奈川支店	47,828	48,250	47,438	46,078	45,139	44,925	47,188	45,69
山梨支店	18,482	18,395	21,596	20,353	21,589	24,937	25,580	25,53

2 ウィンドウ枠が固定された

ワークシートを右側または下側にスクロールしても、［A］列と［1:3］行が常に表示されています。

この設定を解除するには、［ウィンドウ枠の固定］から［ウィンドウ枠固定の解除］をクリックします。

改ページする位置を設定する

ワークシートを印刷する際、指定した行や列でページを変え、それ以降を次のページに印刷するように設定できます。この設定を「改ページ」といいます。

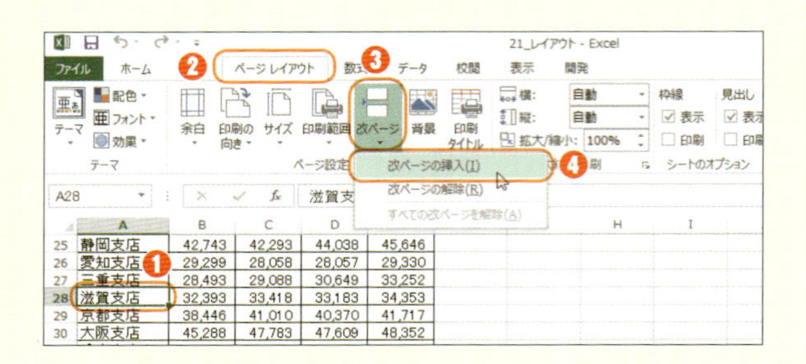

1 改ページを設定する

［A28］セルをクリックし❶、［ページレイアウト］タブをクリックします❷。［ページ設定］グループの［改ページ］をクリックし❸、［改ページの挿入］をクリックします❹。

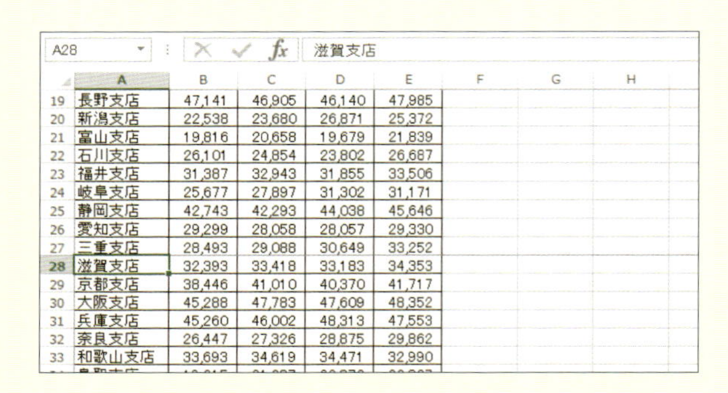

2 改ページが挿入された

改ページが挿入され、印刷時には、選択したセル以降が次のページに印刷されるようになります。

改ページを挿入すると、その位置が薄い実線で表示されます。また、それ以外のページが変わる位置も、薄い点線で表示されます。

印刷するセル範囲を設定する

通常、ワークシートでは、データを入力するか書式を設定したすべてのセル範囲が印刷されます。必要な部分のみ印刷したい場合は、そのセル範囲を「印刷範囲」に設定します。

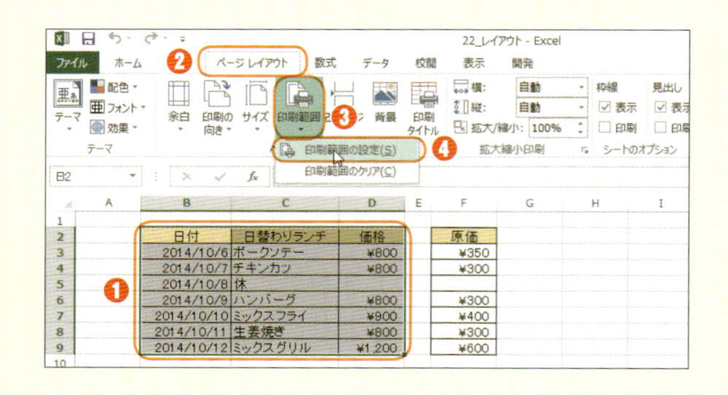

1 印刷範囲を設定する

［B2:D9］のセル範囲をドラッグし❶、［ページレイアウト］タブをクリックします❷。［ページ設定］グループの［印刷範囲］をクリックし❸、［印刷範囲の設定］をクリックします❹。

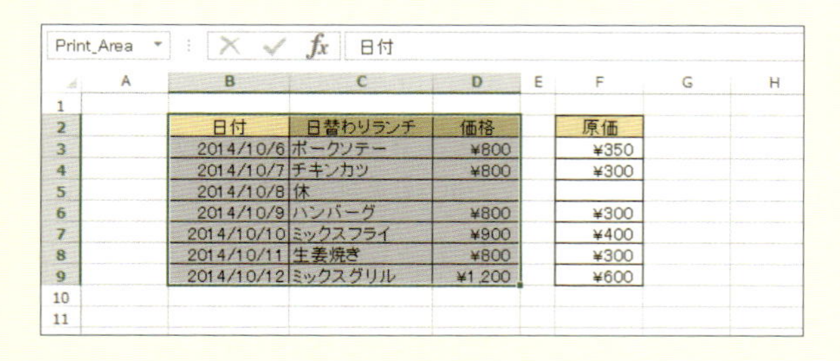

2 印刷範囲が設定された

選択範囲が印刷範囲に設定されます。

印刷範囲を設定すると、そのセル範囲が薄い実線で囲まれます。また、そのセル範囲に「Print_Area」という名前が付きます。

見出しの行や列を全ページに印刷する

見出しの行や列は１ページ目にしか印刷されず、２ページ目以降は各データの意味がわからなくなってしまいます。「印刷タイトル」を設定すると、指定した行や列が全ページに印刷されます。

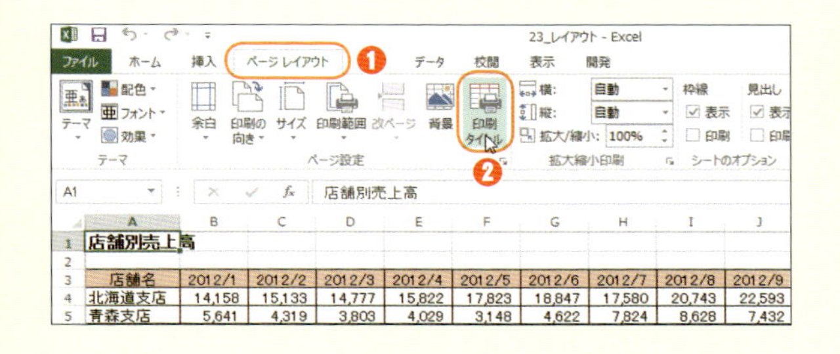

1 印刷タイトルを設定する

［ページレイアウト］タブをクリックし❶、［ページ設定］グループの［印刷タイトル］をクリックします❷。

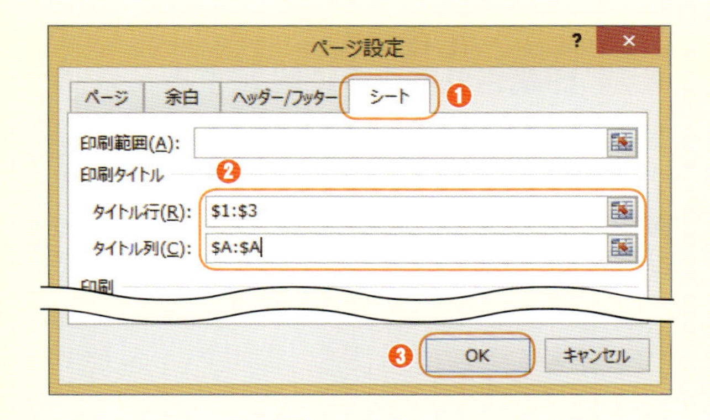

2 タイトル行とタイトル列を指定する

［ページ設定］ダイアログボックスの［シート］タブをクリックし❶、［タイトル行］欄と［タイトル列］欄に印刷タイトルの行や列をセル参照で指定して❷、［OK］をクリックします❸。

ここでは１～３行目とＡ列を印刷タイトルに指定します。行・列名の前に「$」を付け、半角の「:」で区切ります。

24 印刷・ページレイアウト

印刷する用紙サイズを設定する

エクセルでは、ワークシートの用紙サイズの初期値はA4に設定されています。ここでは、B5サイズの用紙で印刷するように設定を変更します。

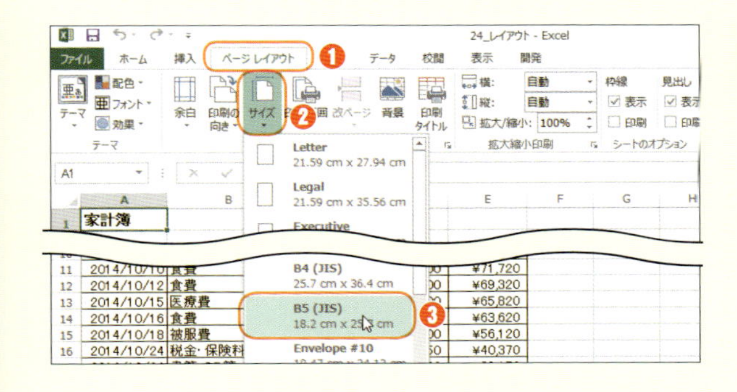

1 用紙サイズを変更する

［ページレイアウト］タブをクリックし❶、［ページ設定］グループの［サイズ］をクリックして❷、［B5］をクリックします❸。

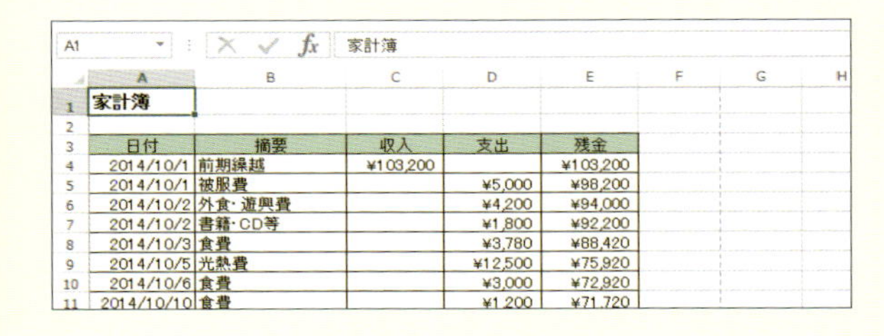

2 用紙サイズが変更された

印刷される用紙サイズがB5に変更されます。

用紙サイズを変更すると、印刷されるページの区切りが点線で表示されます。

ページの中央に印刷されるようにする

初期設定では、ワークシートの内容は、ページの左上端から余白分を空けた位置に合わせて印刷されます。これを、ページの左右中央や上下中央に印刷されるように変更できます。

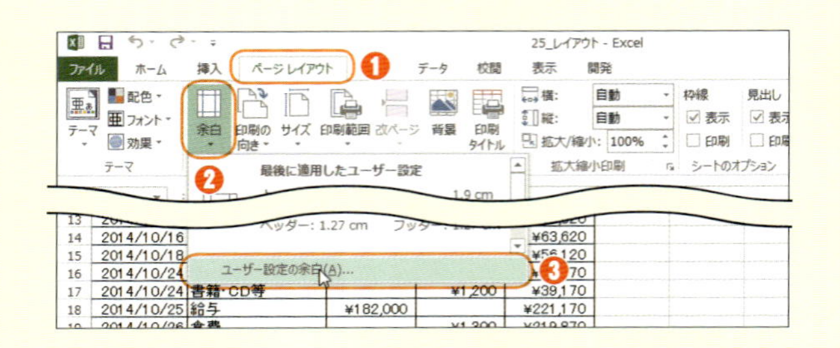

1 ［ページ設定］ダイアログボックスを表示する

［ページレイアウト］タブをクリックし❶、［ページ設定］グループの［余白］をクリックして❷、［ユーザー設定の余白］をクリックします❸。

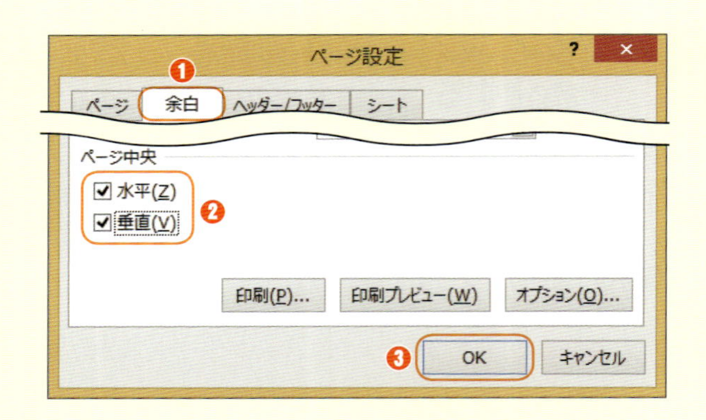

2 上下・左右中央に印刷されるように設定する

［ページ設定］ダイアログボックスの［余白］タブをクリックし❶、［ページ中央］で［水平］と［垂直］をクリックしてチェックを付け❷、［OK］をクリックします❸。

左右中央に印刷する設定は［水平］、上下中央に印刷する設定は［垂直］です。どちらか一方だけを設定することも可能です。

2つの値を計算する

セルには、数値などを計算した結果を表示する「数式」を入力できます。数式には数値などを直接指定するだけでなく、ほかのセルの値を指定して計算することも可能です。

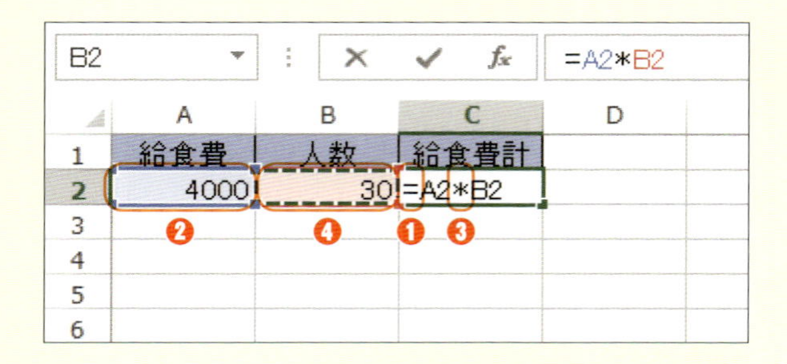

1 ほかのセルの値を計算する

［C2］セルをクリックして「=」を入力し❶、［A2］セルをクリックすると❷、自動的に［C2］セルに「A2」が入力されます。「*」を入力し❸、さらに［B2］セルをクリックして❹、Enterキーを押します。

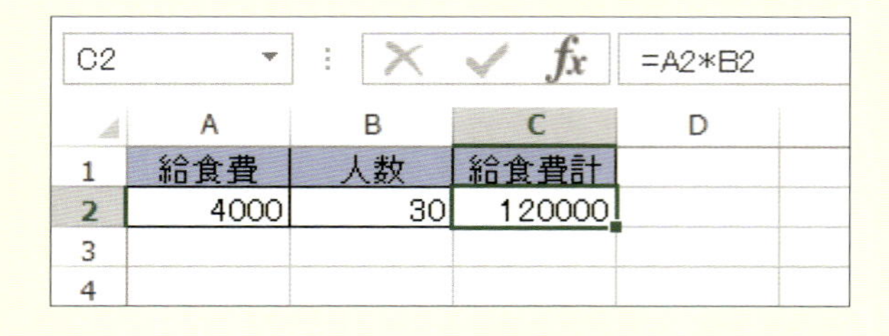

2 数式の計算結果が表示された

［C2］セルに、［A2］セルと［B2］セルの値の積が表示されます。［C2］セルをクリックすると、入力した数式が数式バーに表示されます。

27 関数・数式 合計を求める

大量の数値の集計や、演算子ではできない計算を行いたい場合には「関数」を利用します。ここでは、合計を求めるSUM関数を利用する方法を解説します。

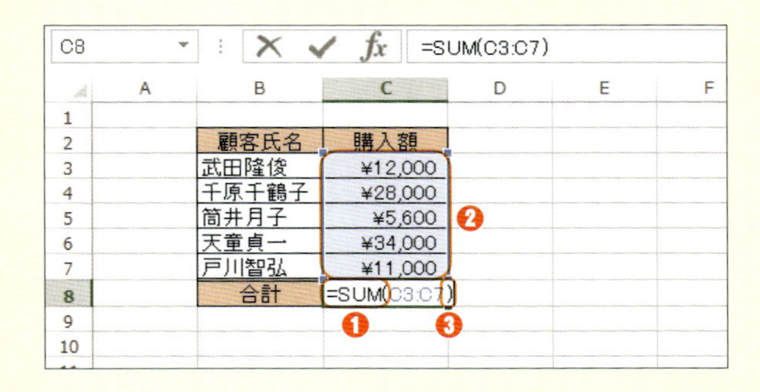

1 SUM関数を使った数式を入力する

[C8] セルをクリックし、「=SUM(」と入力して❶、[C3:C7] のセル範囲をドラッグします❷。「)」と入力し❸、Enterキーを押します。

関数を数式で使用するときは、必ずその後に「( )」を付け、計算に使用する数値など（引数）はこの中に指定します。

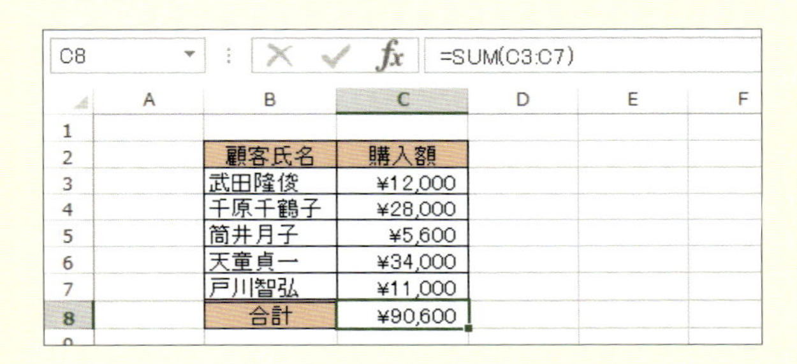

2 セル範囲の数値の合計が表示された

[C3:C7] のセル範囲の数値の合計が表示されます。[C8] セルをクリックすると、入力した数式が数式バーに表示されます。

28 関数・数式 セルが空白でなければ計算する

指定した条件に合うか合わないかで、計算の内容を切り替えできます。ここでは、[C3] セルが空白なら空白を、そうでなければ [B3] セルを [C3] セルで割った商を表示します。

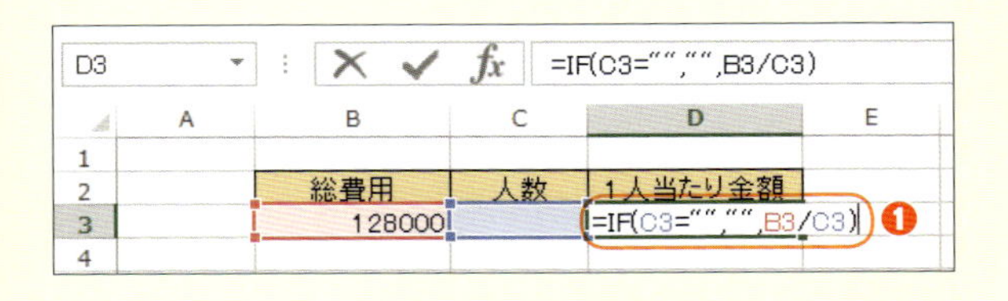

1 IF関数を使った数式を入力する

[D3] セルをクリックし、「=IF(C3="","",B3/C3)」と入力して❶、Enterキーを押します。

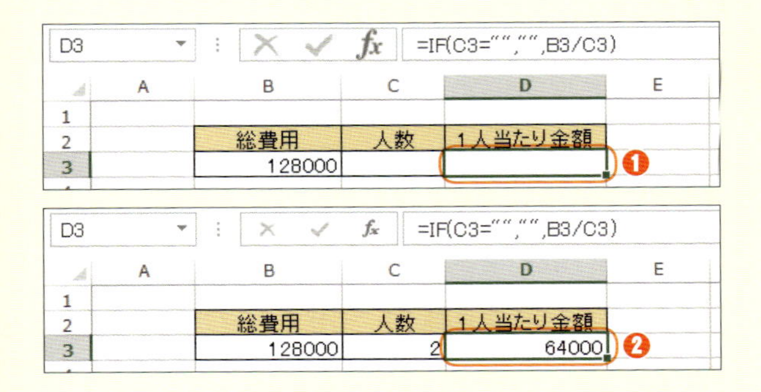

2 セルに空白が表示された

[C3] セルに人数が入力されていないと、[D3] セルに空白が表示されます❶。[C3] セルに数値を入力すると、1人当たりの金額が表示されます❷。

29 表から条件に合うデータを取り出す

関数・数式

たとえば、商品名を入力すると、別途作成した商品名とその価格の一覧表から、その商品の価格を自動的に表示させることが可能です。このような処理にはVLOOKUP関数を利用します。

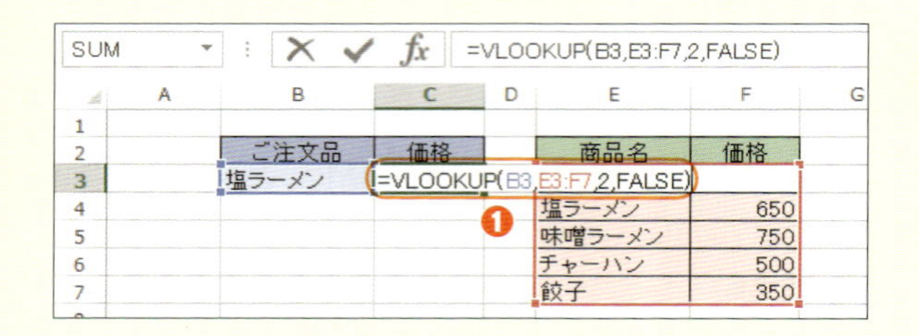

1 VLOOKUP関数を使った数式を入力する

［C3］セルをクリックし、「=VLOOKUP(B3,E3:F7,2,FALSE)」と入力して❶、Enterキーを押します。

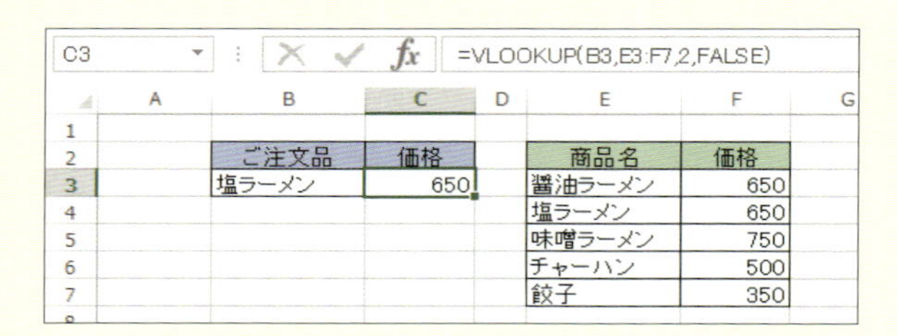

2 商品名に対応する価格が取り出された

［B3］セルに入力されている商品名に対応する価格が一覧表から取り出され、表示されます。

ワンポイントアドバイス

VLOOKUP関数には4つの引数を指定します。最初の引数に指定した値を、2番目の引数で指定したセル範囲の左端の列で検索し、それが見つかった行で、3番目の引数で指定した位置（左端の列から数えた順番）にある列のセルの値を取り出します。4番目の引数のFALSEは、最初の引数と完全に一致するデータを検索対象にするという指定です。

30 ほかのセルの漢字のふりがなを表示する

関数・数式

ほかのセルに設定された漢字のふりがなを、数式を使って別のセルに取り出すことが可能です。このような処理にはPHONETIC関数を利用します。

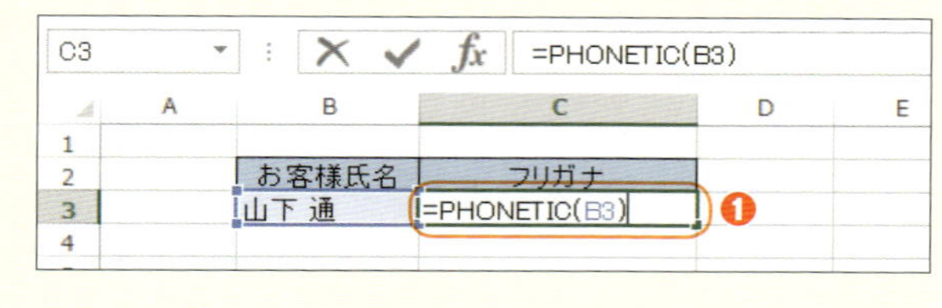

1 PHONETIC関数を使った数式を入力する

［C3］セルをクリックし、「=PHONETIC(B3)」と入力して❶、Enterキーを押します。

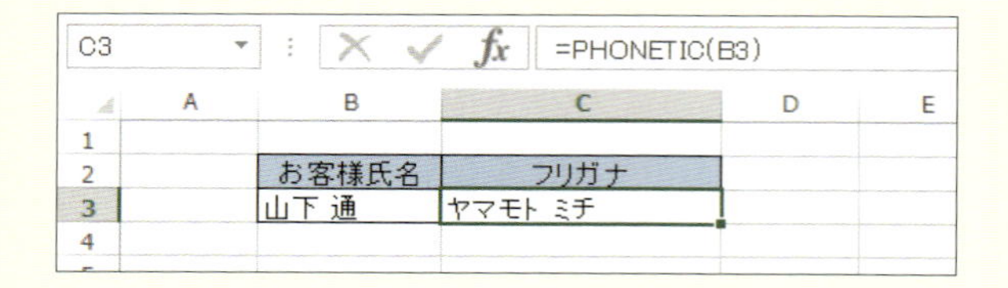

2 ［B3］セルの漢字のふりがなが表示された

［B3］セルに入力されている漢字のふりがなが表示されます。

セルに設定されているふりがな情報についてはp.94を参照してください。

ローンの各月の返済額を計算する

元利均等払いのローンで、借入金や利率、返済回数などの情報から月々の返済額を求めます。このような計算にはPMT関数を利用します。

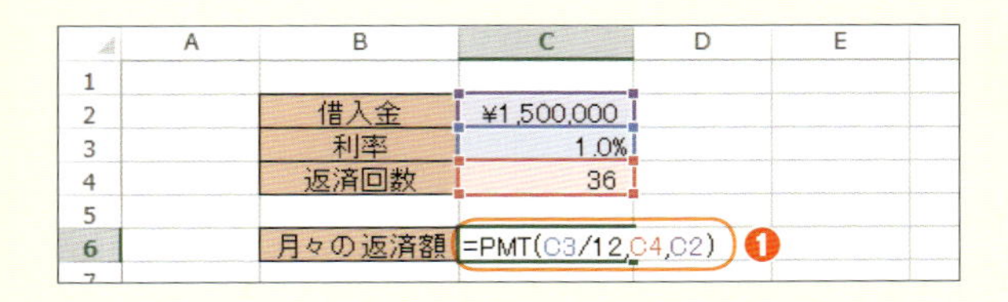

1 PMT関数を使った数式を入力する

［C6］セルをクリックし、「=PMT(C3/12,C4,C2)」と入力して❶、Enterキーを押します。

	A	B	C	D	E
1					
2		借入金	¥1,500,000		
3		利率	1.0%		
4		返済回数	36		
5					
6		月々の返済額	¥-42,312		

2 ローンの月々の返済額が表示された

［C2:C4］のセル範囲に入力されている条件に基づく、ローンの月々の返済額が表示されます。

ワンポイントアドバイス

PMT関数でローンの返済額を求めるには、最初の引数に利率、2番目の引数に返済回数、3番目の引数に借入金を指定します。［C3］セルに入力された利率は年利なので、12で割り月単位の利率にしています。借入金などを正の数で指定した場合、この関数の戻り値は負の数になります。

32
関数・数式

ハイパーリンクで開く先を変化させる

エクセルではセルにハイパーリンクを設定できます。ほかのセルに入力されたデータを参照してリンク先を変えるには、HYPERLINK関数を利用します。

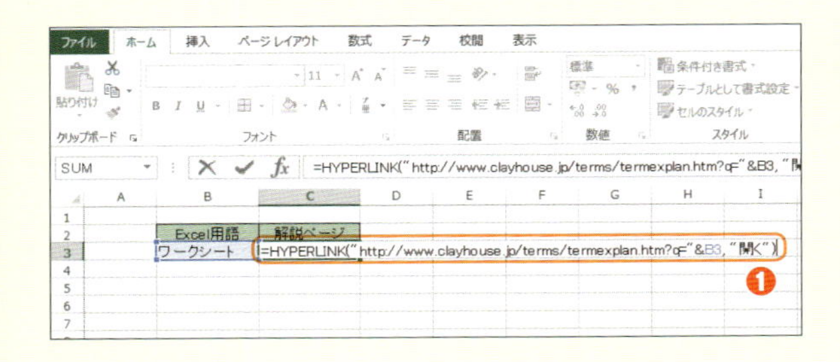

1 HYPERLINK関数を使った数式を入力する

［C3］セルをクリックし、「=HYPERLINK("http://www.clayhouse.jp/terms/termexplan.htm?q="&B3, "開く")」と入力して❶、Enterキーを押します。

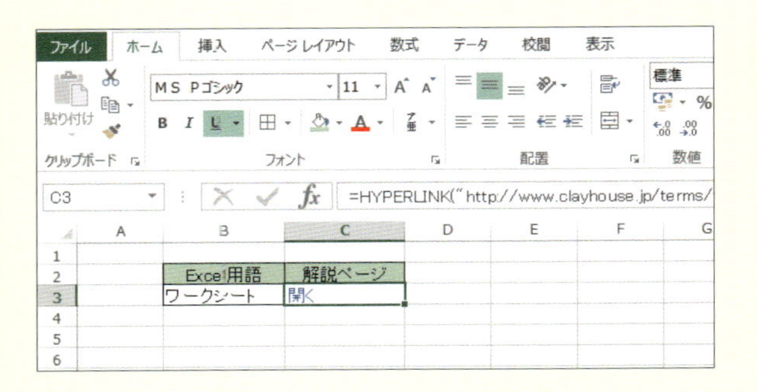

2 「開く」の文字が表示された

ハイパーリンクが設定された「開く」の文字が表示されます。このリンクをクリックすると、［B3］セルに入力された用語の解説ページが表示されます。

このハイパーリンクをクリックすると、筆者が開設しているWebサイトの「用語解説」ページが開きます。

図形を作成する

エクセルでは、さまざまな種類の図形（オートシェイプ）を作成できます。ここでは、最も基本的な四角形（正方形/長方形）を作成します。

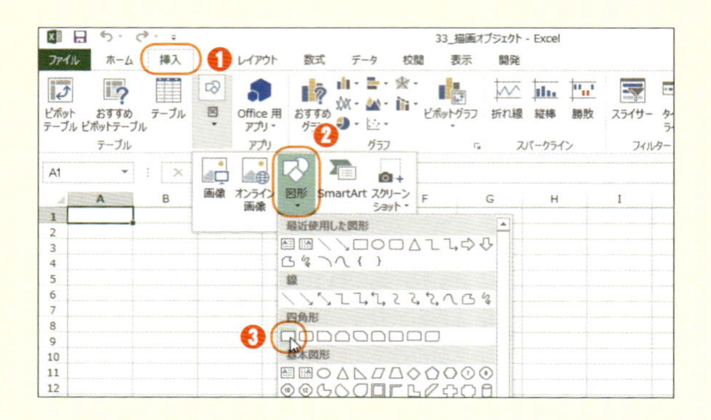

1 正方形/長方形の作成を開始する

［挿入］タブをクリックし❶、［図］グループの［図形］をクリックして❷、［正方形/長方形］をクリックします❸。

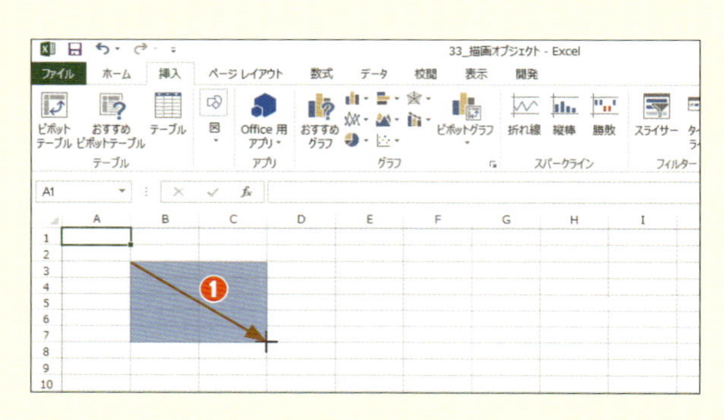

2 ドラッグで正方形/長方形を作成する

ワークシート上の任意の位置を、斜め下にドラッグします❶。

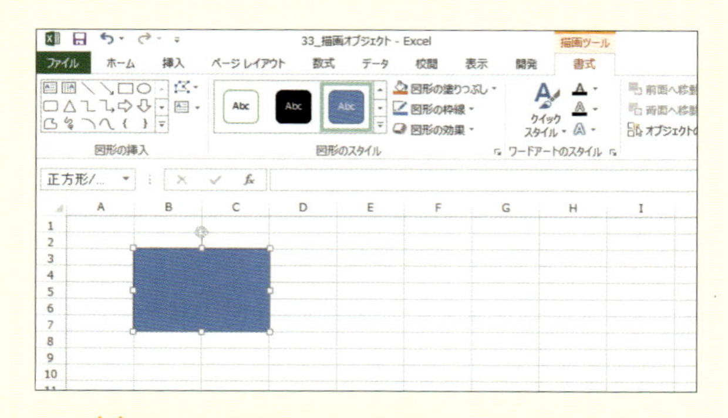

3 正方形/長方形が作成された

ドラッグの軌跡を対角線とする正方形/長方形が作成されます。

ワンポイントアドバイス

作成された図形は、内側または枠線の部分をドラッグすると、ワークシート内で位置を移動できます。また、図形の四隅または上下左右の点（サイズ変更ハンドル）をドラッグすると、図形を拡大または縮小できます。

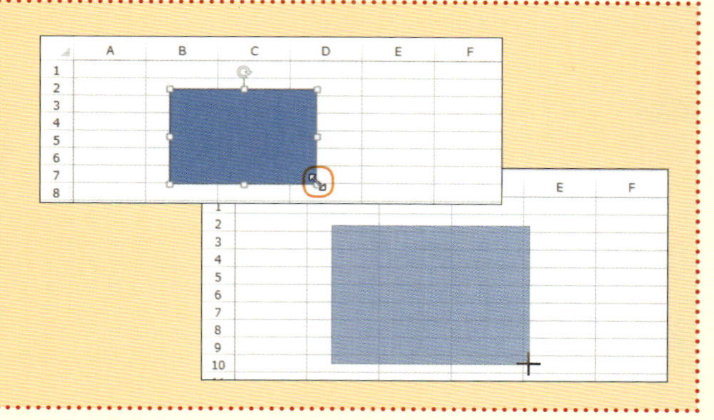

図形の書式を設定する

作成された図形には、塗りつぶしや枠線の書式を設定できます。ここでは、塗りつぶしの色を緑、線の太さを3pt（ポイント）、線の色を赤に設定します。

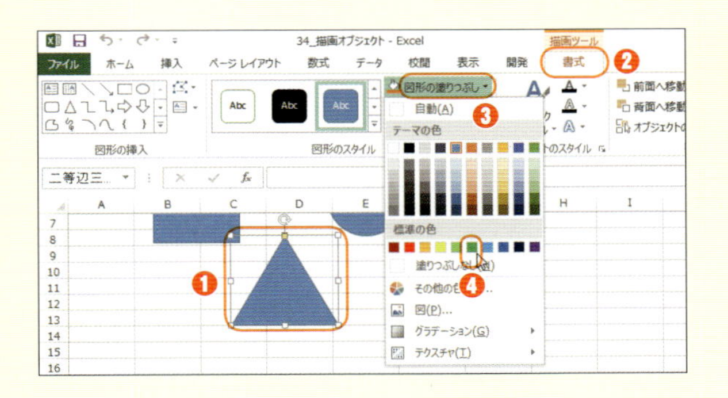

1 塗りつぶしの色を変更する

目的の図形をクリックして選択し❶、［描画ツール］の［書式］タブをクリックします❷。［図形の塗りつぶし］をクリックし❸、［緑］をクリックします❹。

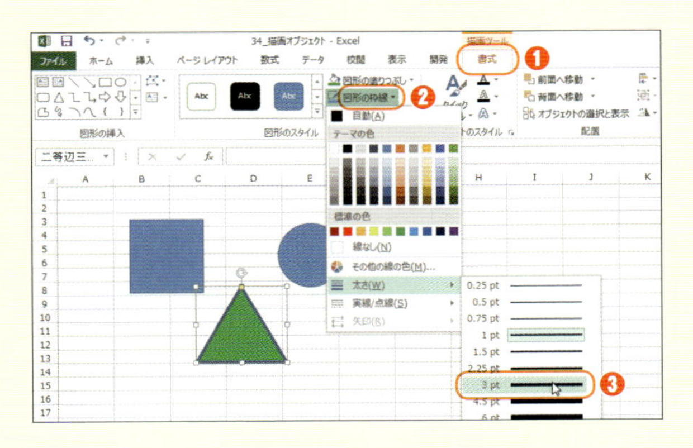

2 線の太さを変更する

図形が選択されている状態で、［描画ツール］の［書式］タブをクリックします❶。［図形の枠線］をクリックし❷、［太さ］から［3pt］をクリックします❸。

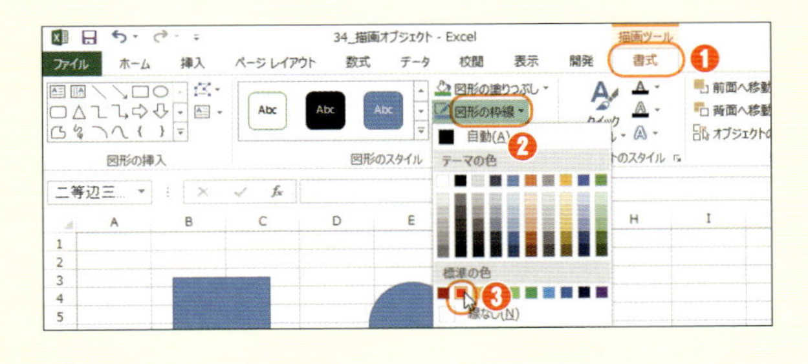

3 線の色を変更する

図形が選択されている状態で、［描画ツール］の［書式］タブをクリックします❶。［図形の枠線］をクリックし❷、［赤］をクリックします❸。

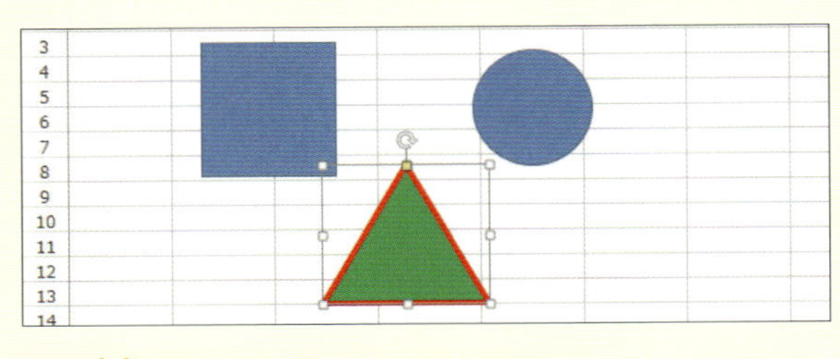

4 図形の書式が変更された

選択している図形の塗りつぶしと枠線の書式が設定されました。

ワンポイントアドバイス

手順1～3で［図形の効果］をクリックすると、選択している図形に影を付ける、立体的に表示させるなどの効果を設定できます。

テキストボックスを作成する

長い文章を表示させたい場合、セルに直接入力する方法では、設定できる書式が限られます。テキストボックスを利用すると、文字や段落に対してより細かい書式が設定できます。

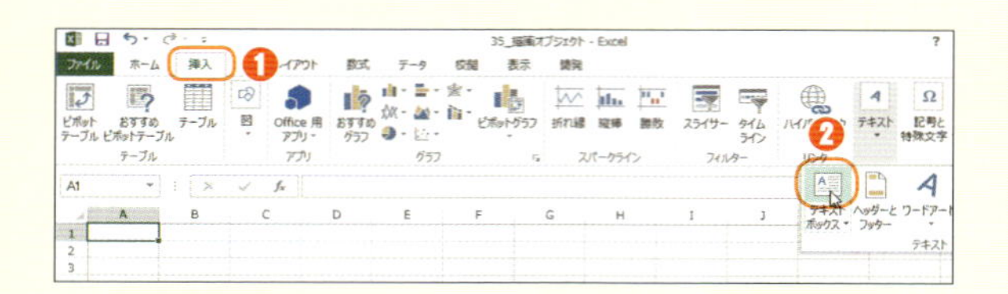

1 テキストボックスの作成を開始する

[挿入] タブをクリックし❶、[テキスト] グループの [テキストボックス] をクリックします❷。

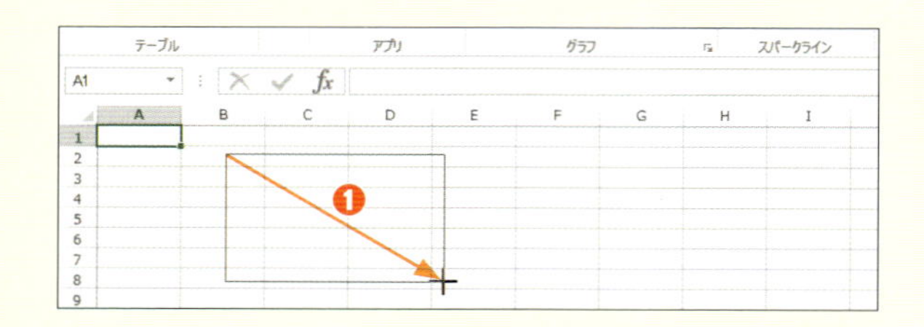

2 ワークシート上をドラッグする

ワークシート上の任意の位置を、斜め下にドラッグします❶。

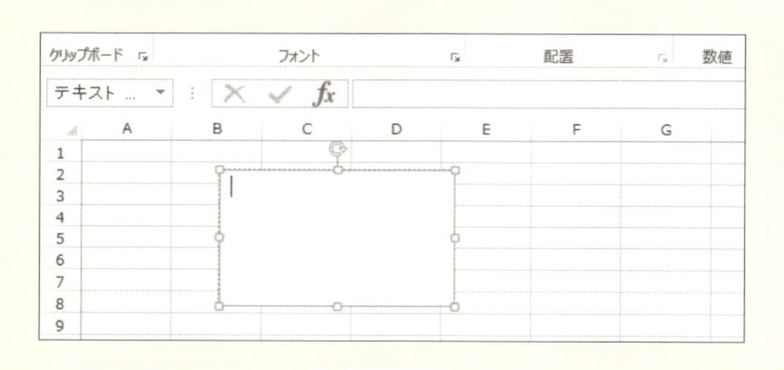

3 テキストボックスに文字を入力する

ドラッグの軌跡を対角線とするテキストボックスが作成されます。その中にカーソルが点滅している状態で、文字を入力していきます。

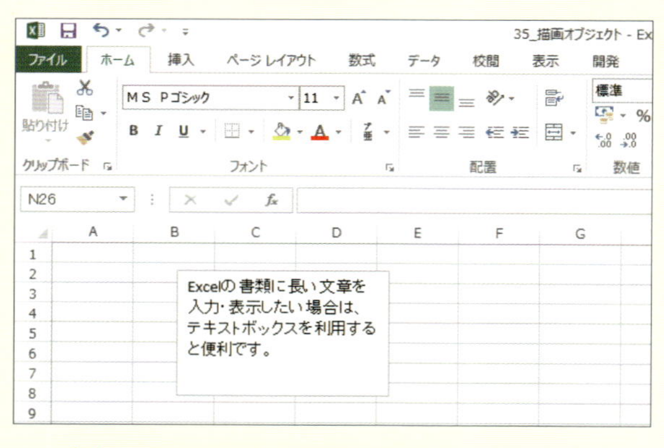

4 テキストボックスに文字が入力された

入力した文字がテキストボックスの中に表示されています。複数の行にわたる、長い文章の入力も可能です。図形と同様に、テキストボックスは移動や拡大・縮小ができます。

ワンポイントアドバイス

テキストボックスに入力した文字列を選択して右クリックし、[フォント] や [段落] などを選ぶと、セルに入力した文字列には設定できない、さまざまな書式が設定できます。なお、直線など一部を除き、作成した図形の中に文字を入力することも可能です。その場合は、図形を選択した状態で文字を入力します。図形に入力した文字列にも、テキストボックスと同様の書式を設定できます。

ワードアートを作成する

タイトルなどに凝ったデザインの文字を表示したい場合は、「ワードアート」を利用すると便利です。エクセルにはあらかじめさまざまな書式のワードアートが用意されています。

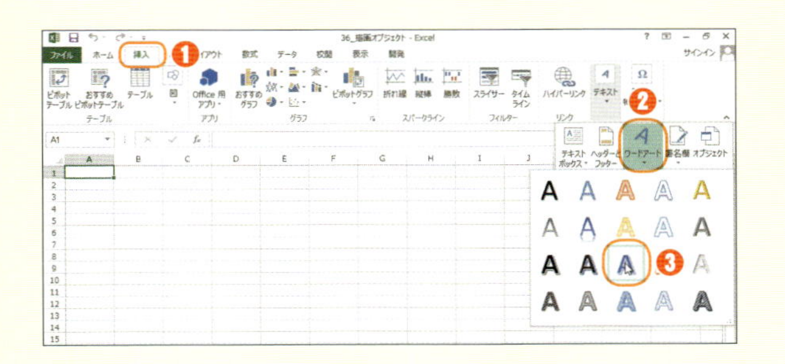

1 ワードアートを選択する

［挿入］タブをクリックし❶、［テキスト］グループの［ワードアート］をクリックして❷、使用したいワードアートをクリックします❸。

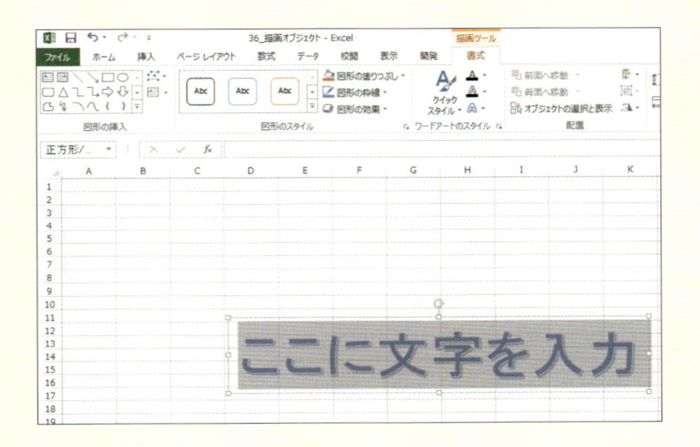

2 文字を入力する

選択された書式で「ここに文字を入力」と表示されたワードアートが作成されます。ここに、表示させたい文字を入力していきます。テキストボックスの文字列と同様に、フォントの種類やサイズなどの書式を変更できます。

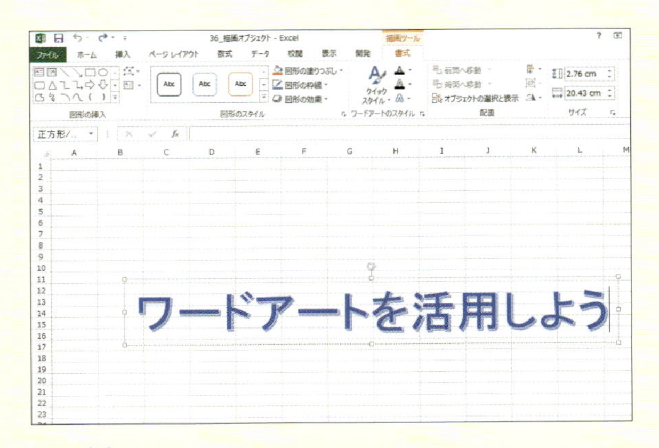

3 ワードアートが作成された

入力した文字のワードアートが作成されます。図形と同様に、ドラッグで位置を移動できます。

ワンポイントアドバイス

ワードアートの実体は、初期状態で「ここに文字を入力」という文字列が入力されて、各種の書式や効果が設定された正方形/長方形です。テキストボックスやほかの図形に入力した文字と同様に、後から書式や効果を設定することが可能です。

37 描画オブジェクト

画像を挿入する

デジタルカメラなどで撮影し、パソコンに保存されている画像を、ワークシートに貼り付けることが可能です。貼り付けられた画像は、図形と同様に移動や拡大・縮小などの操作が行えます。

1 図形を選択して挿入する

［挿入］タブをクリックし❶、［図］グループの［画像］をクリックします❷。［図の挿入］ダイアログボックスで挿入する画像を選択して❸、［挿入］をクリックします❹。

2 画像が挿入された

選択した画像がワークシート上に挿入されます。

図形をグループ化する

複数の図形を組み合わせて図解などを作成した場合、それらを１つの図形として、移動などの操作が行えると便利です。これは、［グループ化］を設定することで実現できます。

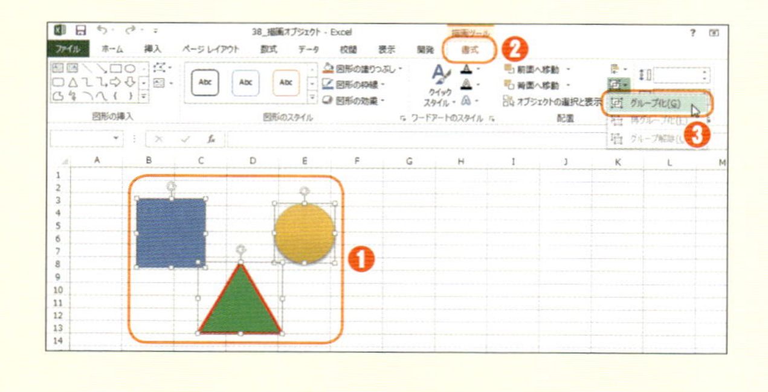

1 複数の図形をグループ化する

複数の図形をCtrlキーを押しながらクリックして選択し❶、［描画ツール］の［書式］タブをクリックします❷。［オブジェクトのグループ化］から［グループ化］をクリックします❸。

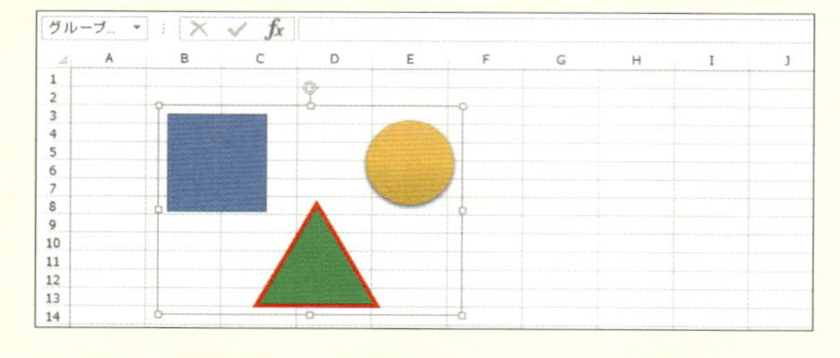

2 選択した図形がグループ化された

選択したすべての図形がグループ化され、１つの図形として操作できるようになります。

Shiftキーを押しながら複数の図形をクリックしても、それらを同時に選択できます。

別の表を画像として貼り付ける

各列の幅が異なる表を上下に並べたい場合などは、別途作成した表をコピーして、画像（図）として貼り付ける方法が便利です。元のセル範囲にリンクさせて貼り付けることも可能です。

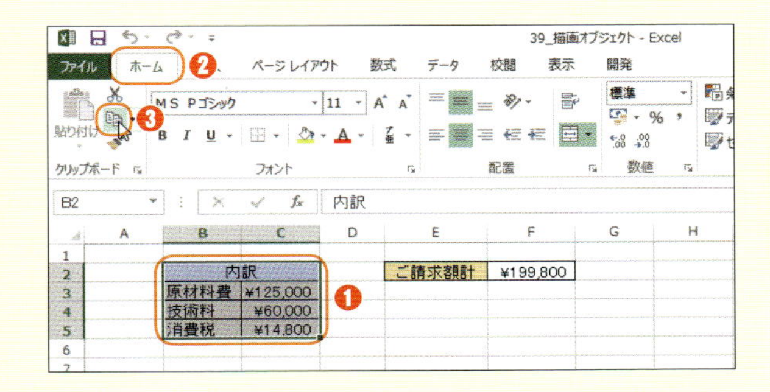

1 元データの表をコピーする

［B2:C5］のセル範囲をドラッグして選択し❶、［ホーム］タブをクリックして❷、［クリップボード］グループの［コピー］をクリックします❸。

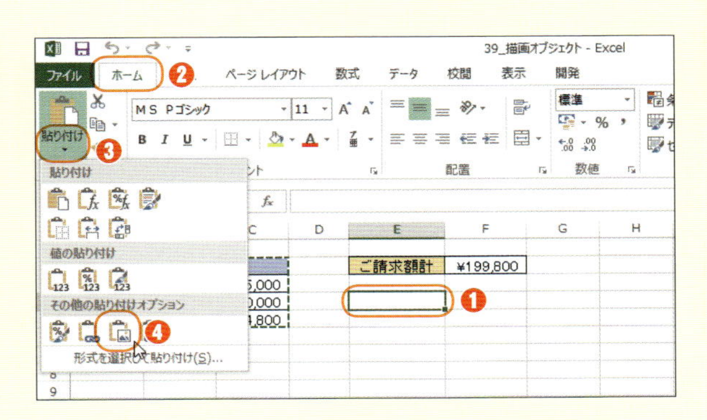

2 図として貼り付ける

［E4］セルをクリックし❶、［ホーム］タブをクリックします❷。［クリップボード］グループの［貼り付け］の をクリックし❸、［図］をクリックします❹。

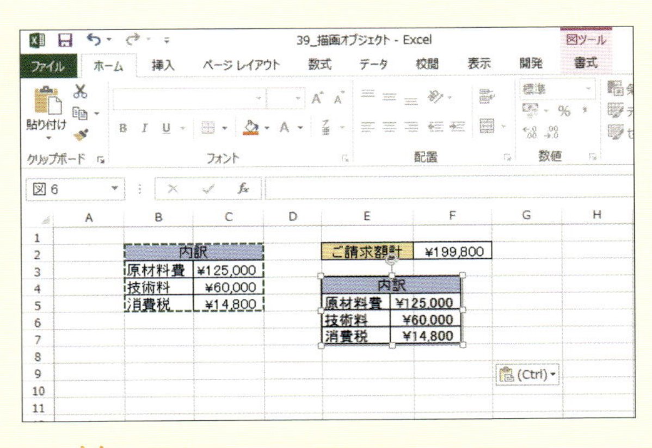

3 図として貼り付けられた

コピーしたセル範囲が図として貼り付けられます。

コピーした表は図として貼り付けられているので、データの変更はできません。

ワンポイントアドバイス

［ホーム］タブの［クリップボード］グループの［貼り付け］から［リンクされた図］をクリックすると、元のセル範囲にリンクした状態で図として貼り付けることができます。この場合、元の表データを変更すると、貼り付けた図の内容も更新されます。

作例書類のつくり方

本書の作例をつくるための、より実践的なエクセルの操作について解説します。応用できる場面の多い機能ばかりなので、覚えておくと、本書の作例以外にもさまざまな書類の作成に役立ちます。

01 セル内に簡易グラフを表示する

作例は p.22 作例は p.32

「条件付き書式」では、通常の書式では設定できないビジュアルな効果を、セル上で表現することが可能です。ここでは、データを簡易グラフとして表す「データバー」を利用します。

既存のデータバーを設定する

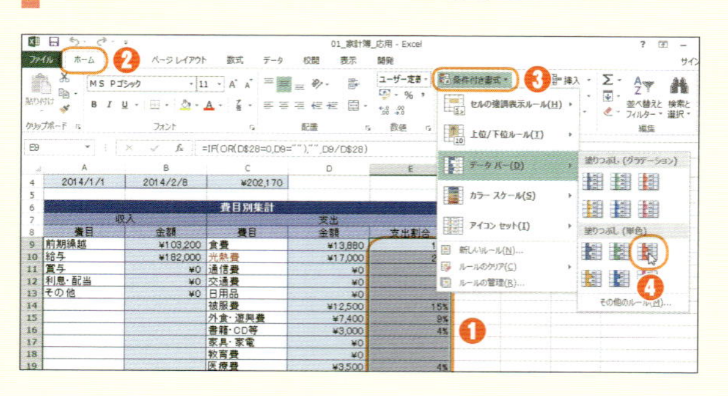

1 既存のデータバーのスタイルを選ぶ

「集計」シートを表示し、[E9:E27] のセル範囲をドラッグして選択し❶、[ホーム] タブをクリックします❷。[スタイル] グループの [条件付き書式] をクリックし❸、[データバー] から [塗りつぶし (単色)] の [赤のデータバー] をクリックします❹。

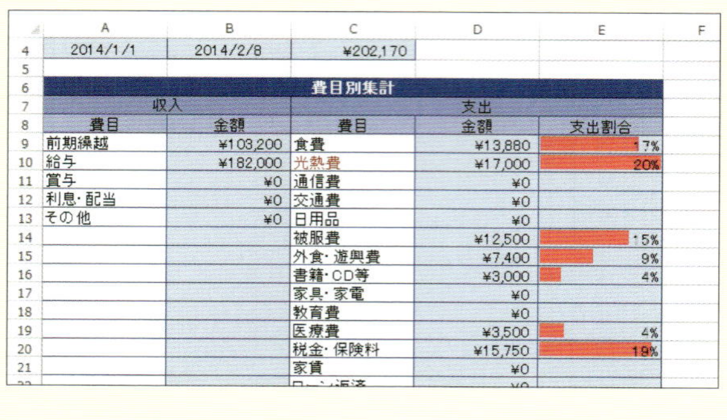

	A	B	C	D	E
4	2014/1/1	2014/2/8	¥202,170		
5					
6	費目別集計				
7	収入		支出		
8	費目	金額	費目	金額	支出割合
9	前期繰越	¥103,200	食費	¥13,880	17%
10	給与	¥182,000	光熱費	¥17,000	20%
11	賞与	¥0	通信費	¥0	
12	利息・配当	¥0	交通費	¥0	
13	その他	¥0	日用品	¥0	
14			被服費	¥12,500	15%
15			外食・遊興費	¥7,400	9%
16			書籍・CD等	¥3,000	4%
17			家具・家電	¥0	
18			教育費	¥0	
19			医療費	¥3,500	4%
20			税金・保険料	¥15,750	19%
21			家賃	¥0	

2 データバーが設定された

選択したセル範囲内における、各セルの相対的な量を表すデータバーが表示されます。

[E9:E27] の各セルには、各支出金額の全支出額に対する割合を求める数式が入力されています。

データバーの設定を変更する

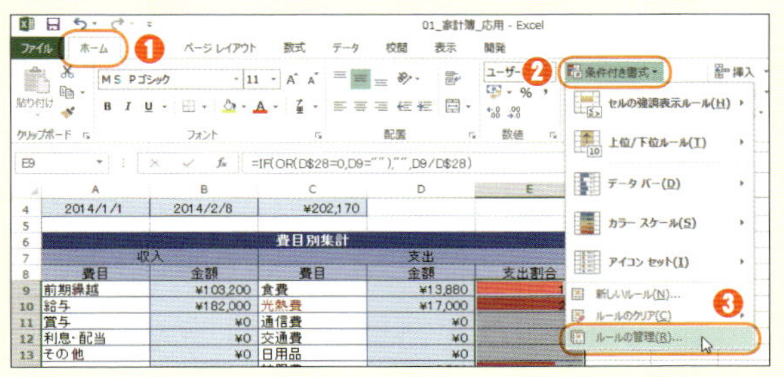

1 ルールの編集を開始する

「集計」シートの［E9:E27］のセル範囲が選択されている状態で、［ホーム］タブをクリックし❶、［スタイル］グループの［条件付き書式］をクリックして❷、［ルールの管理］をクリックします❸。

2 条件付き書式のルールを編集する

［条件付き書式ルールの管理］ダイアログボックスで、設定した［データバー］が選択されている状態で❶、［ルールの編集］をクリックします❷。

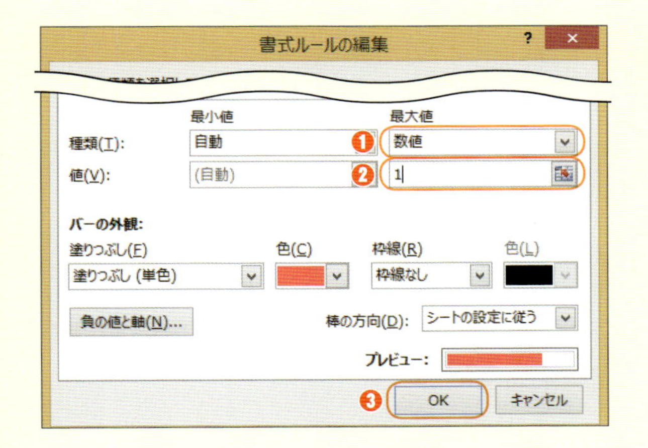

3 データバーの設定を変更する

［書式ルールの編集］ダイアログボックスの［最大値］の［種類］欄で［数値］を指定し❶、［値］欄で［1］と入力して❷、［OK］をクリックします❸。［条件付き書式ルールの管理］ダイアログボックスに戻り［OK］をクリックします。

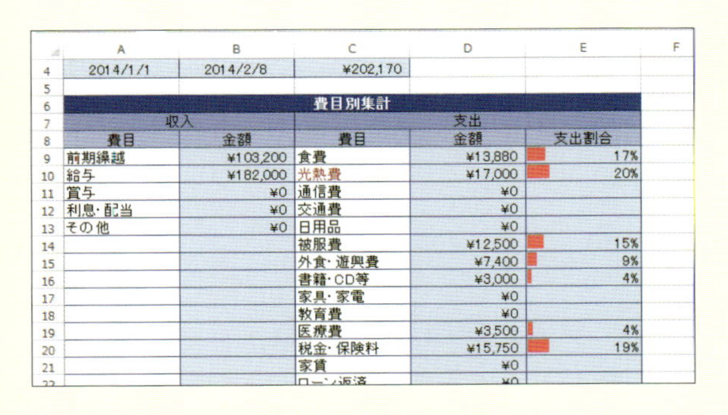

	A	B	C	D	E
4	2014/1/1	2014/2/8	¥202,170		
5					
6	費目別集計				
7	収入		支出		
8	費目	金額	費目	金額	支出割合
9	前期繰越	¥103,200	食費	¥13,880	17%
10	給与	¥182,000	光熱費	¥17,000	20%
11	賞与	¥0	通信費	¥0	
12	利息･配当	¥0	交通費	¥0	
13	その他	¥0	日用品	¥0	
14			被服費	¥12,500	15%
15			外食･遊興費	¥7,400	9%
16			書籍･CD等	¥3,000	4%
17			家具･家電	¥0	
18			教育費	¥0	
19			医療費	¥3,500	4%
20			税金･保険料	¥15,750	19%
21			家賃	¥0	

4 データバーの表示が変更された

［E9:E27］の各セルの表示が、この範囲の値全体に対する割合を表すデータバーに変更されます。

作例ではここでデータバーの色も変更しています。p.108の手順1の操作でほかの色を選択すると、色を変更できます。

ワンポイントアドバイス

ここでは、いったんデータバーを設定してからその設定内容を変更しています。［ホーム］タブの［スタイル］グループの［条件付き書式］をクリックし、［データバー］から［その他のルール］を選ぶと、［書式ルールの編集］ダイアログボックスと同様の［新しい書式ルール］ダイアログボックスで、新しいデータバーのルールを直接設定できます。

リストの選択肢から空白行を除く

「データの入力規則」で「リスト」を選び、「元の値」にセル範囲を指定すると、その中に含まれる空白セルも選択肢として表示されます。ここでは、空白は表示させないように設定します。

「元の値」にセル範囲を直接指定する（失敗例）

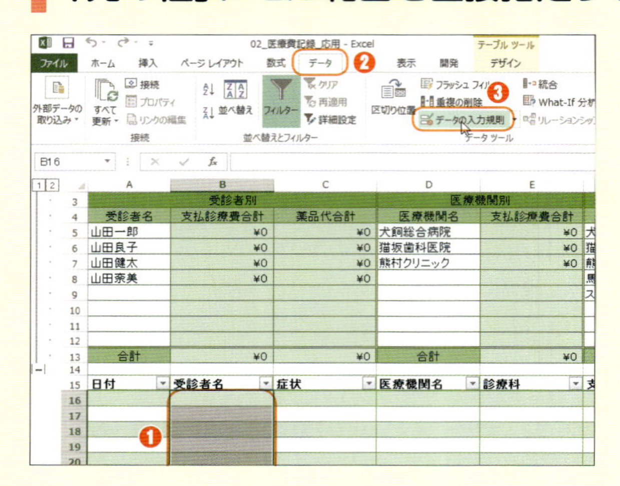

1 データの入力規則を設定する

[B16:B35] のセル範囲を選択し❶、[データ] タブをクリックして❷、[データツール] グループの [データの入力規則] をクリックします❸。

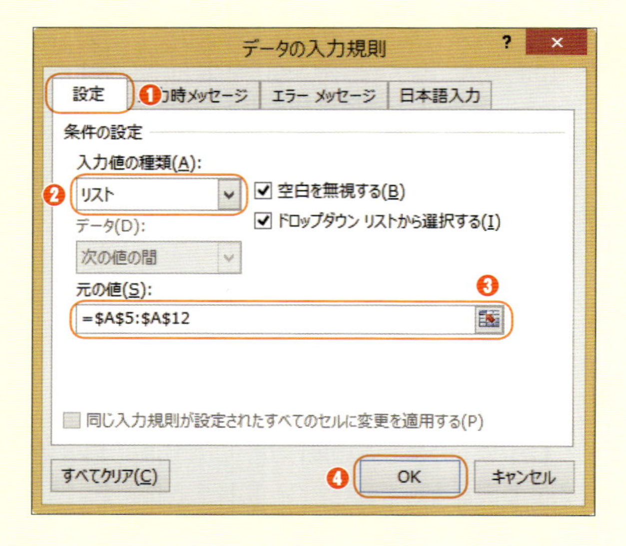

2 リストを設定する

[データの入力規則] ダイアログボックスの [設定] タブをクリックします❶。[入力値の種類] 欄で [リスト] を選択し❷、[元の値] 欄に「=$A$5:$A$12」と入力して❸、[OK] をクリックします❹。

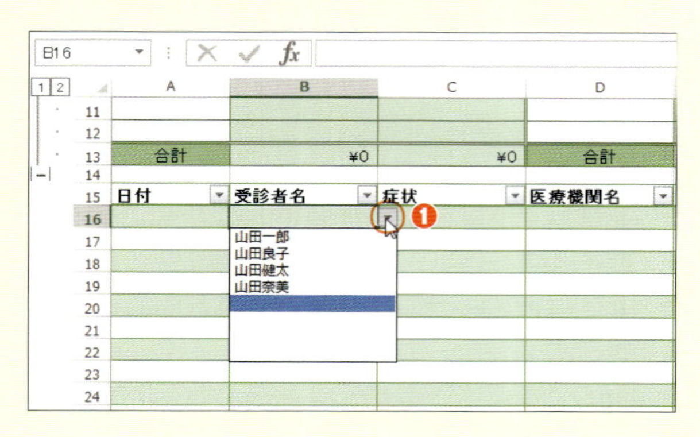

3 リストから選択する

[B16] セルをクリックし、▼ をクリックすると❶、選択肢の下側に空白が何行分も表示されてしまいます。

もともと空白のセルの場合、最初に空白が選択された状態になっており、そこから上の選択肢を選び直すのは、データが多い場合は面倒です。

「元の値」を数式で指定する

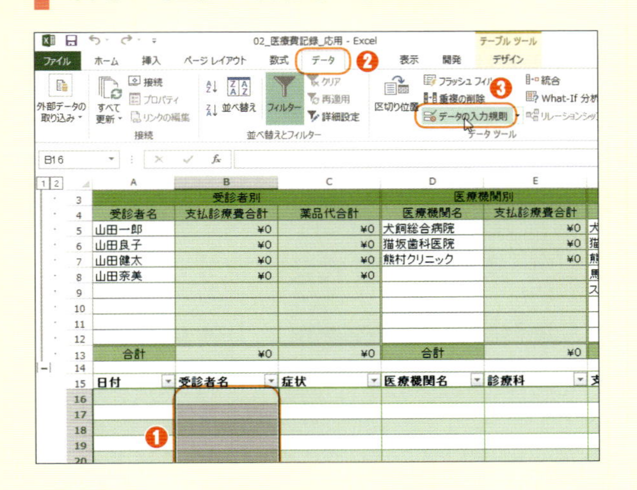

1 データの入力規則を設定する

［B16:B35］のセル範囲を選択し❶、［データ］タブをクリックして❷、［データツール］グループの［データの入力規則］をクリックします❸。

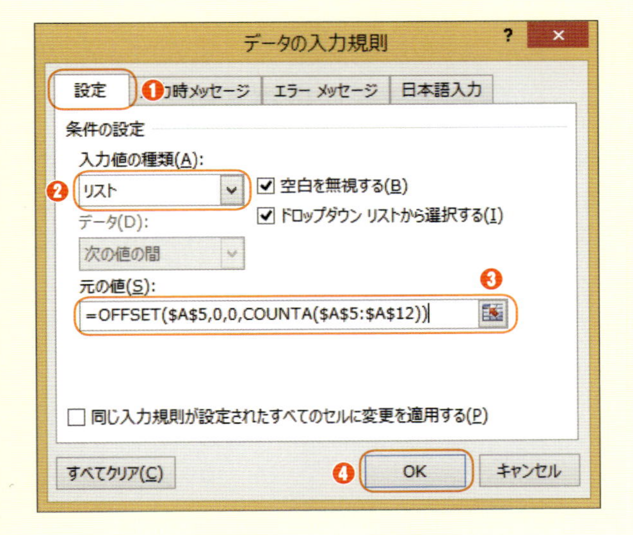

2 リストを設定する

［データの入力規則］ダイアログボックスの［設定］タブをクリックします❶。［入力値の種類］欄で［リスト］を選択し❷、［元の値］欄に「=OFFSET($A$5,0,0,COUNTA($A$5:$A$12))」と入力して❸、［OK］をクリックします❹。

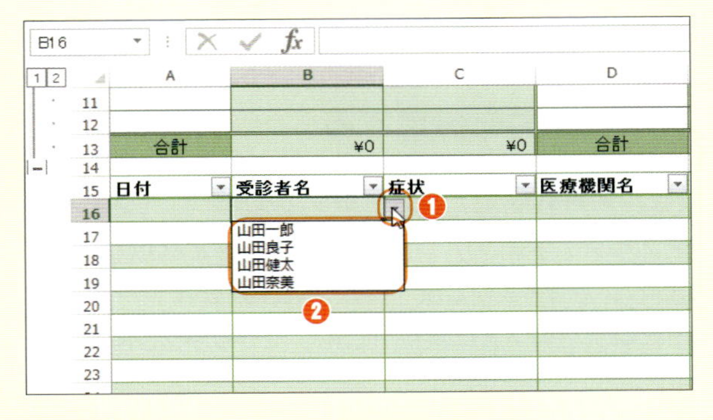

3 リストから選択する

［B16］セルをクリックし、▼をクリックすると❶、選択肢として［A5:A12］のセル範囲に入力されたデータが、空白行を除いて表示されます❷。

［A5:A12］のセル範囲には、受診者名を必ず上のセルから順番に、途中に空白を空けずに入力してください。

ワンポイントアドバイス

ここで入力している数式のOFFSET関数は、参照する対象のセル範囲をずらしたり、範囲の大きさ（行数または列数）を変えたりする関数です。ここでは、データの個数を調べるCOUNTA関数で入力された受診者名の数を求め、［A5］セルの参照を、その行数分のセル範囲の参照に変更しています。

曜日に応じて文字の色を変化させる

曜日を表す「日」の文字を赤で、「土」の文字を青で表示するには、「条件付き書式」を利用します。ただし、この「日」「土」は単なる文字データではないので、条件設定はやや複雑です。

日曜日を赤い文字で表示する

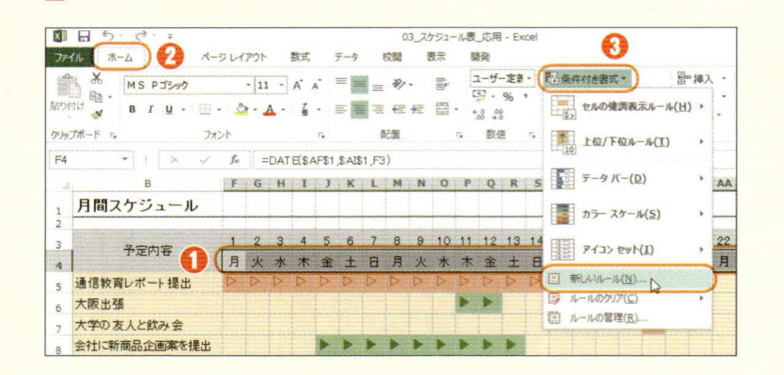

1 条件付き書式を設定する

「月間予定表」シートを表示し、[F4:AJ4] のセル範囲を選択して❶、[ホーム] タブをクリックします❷。[スタイル] グループの [条件付き書式] をクリックし❸、[新しいルール] をクリックします❹。

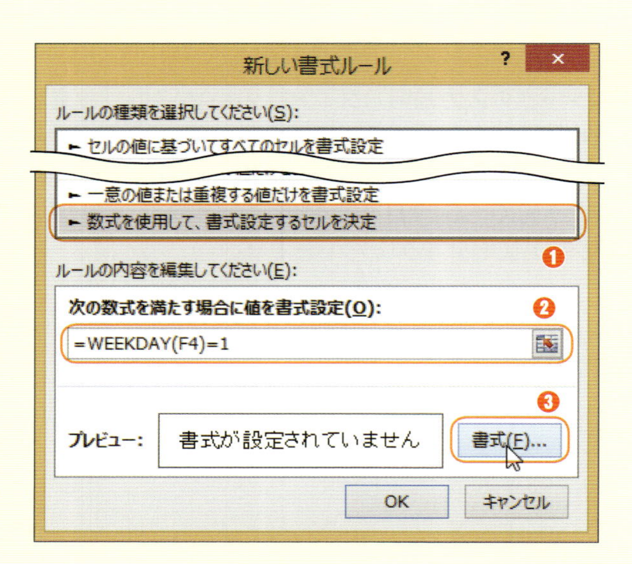

2 条件を数式で指定する

[新しい書式ルール] ダイアログボックスで、[数式を使用して、書式設定するセルを決定] をクリックし❶、数式として「=WEEKDAY(F4)=1」と入力して❷、[書式] をクリックします❸。

3 書式を指定する

[セルの書式設定] ダイアログボックスの [フォント] タブをクリックし❶、[色] で [赤] を選択して❷、[OK] をクリックします❸。[新しい書式ルール] ダイアログボックスに戻り [OK] をクリックします。

[F4:AJ4] のセル範囲には、指定した年・月の1日～31日の日付を求める数式が入力されており、表示形式の設定でその曜日を表示しています。

土曜日を青い文字で表示する

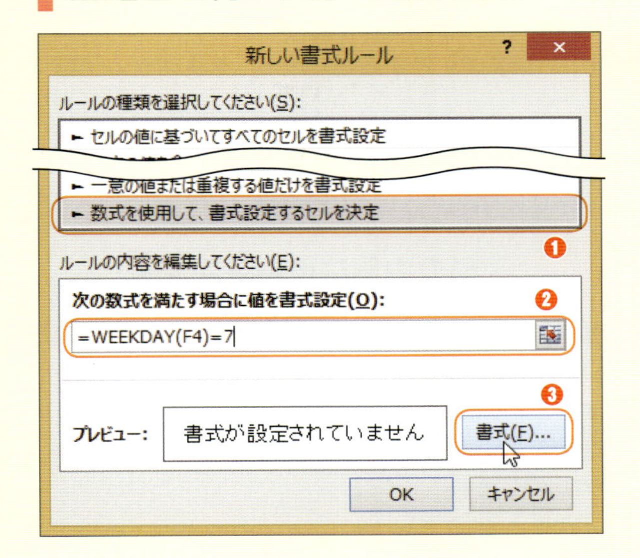

1 条件付き書式を設定する

同様に［新しい書式ルール］ダイアログボックスで、［数式を使用して、書式設定するセルを決定］をクリックし❶、数式として「=WEEKDAY(F4)=7」と入力して❷、［書式］をクリックします❸。

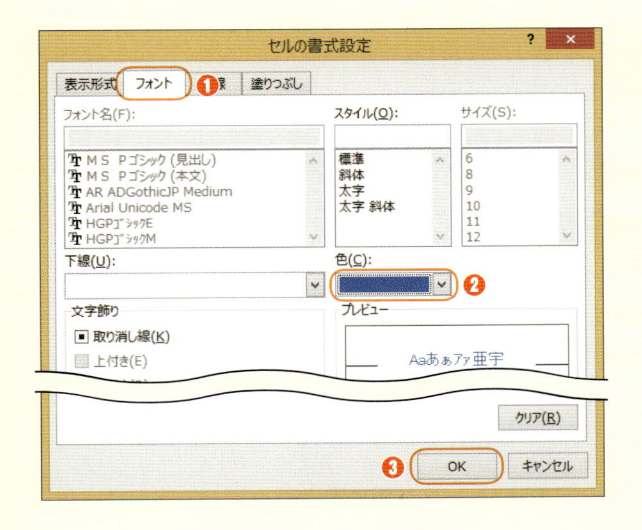

2 書式を指定する

［セルの書式設定］ダイアログボックスの［フォント］タブをクリックし❶、［色］で［青］を選択して❷、［OK］をクリックします❸。［新しい書式ルール］ダイアログボックスに戻り［OK］をクリックします。

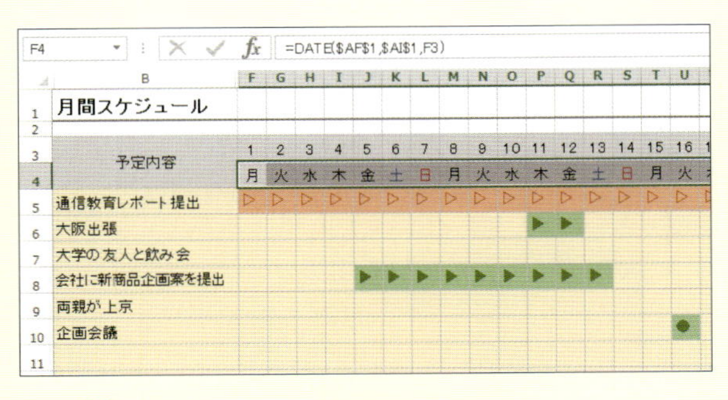

3 曜日に応じて色付きで表示された

「日」が赤い文字で、「土」が青い文字で表示されます。

ワンポイントアドバイス

ここで入力している数式のWEEKDAY関数は、日付データの曜日を表す数値を返す関数です。ここでは2番目の引数を省略していますが、その場合、日曜日を表す数値は「1」、土曜日を表す数値は「7」になります。

図形に凝った書式を設定する

作例は p.53

ワークシートに配置した図形は、影を付けたり、立体的に表示したりするといった、さまざまな「効果」を設定できます。

図形に影を設定する

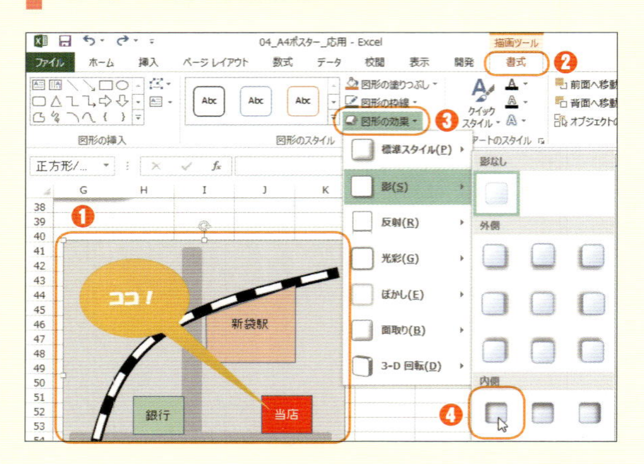

1 図形の内側に影を設定する

地図の背景部分の正方形/長方形をクリックして選択し❶、[描画ツール] の [書式] タブをクリックします❷。[図形のスタイル] グループの [図形の効果] をクリックし❸、[影] から [内側 (斜め左上)] をクリックします❹。

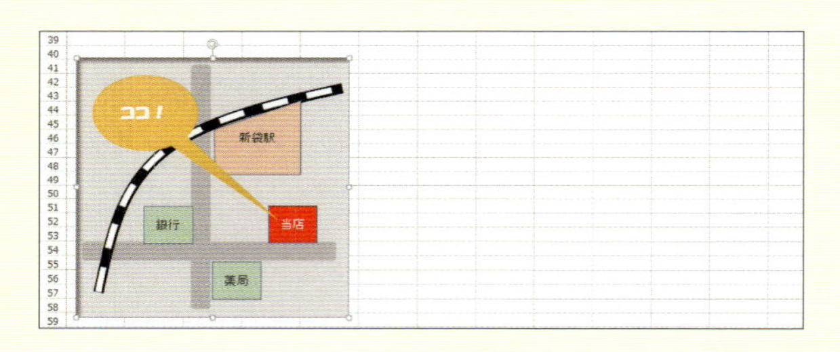

2 図形の内側に影が設定された

選択した正方形/長方形の内側に影が設定されます。

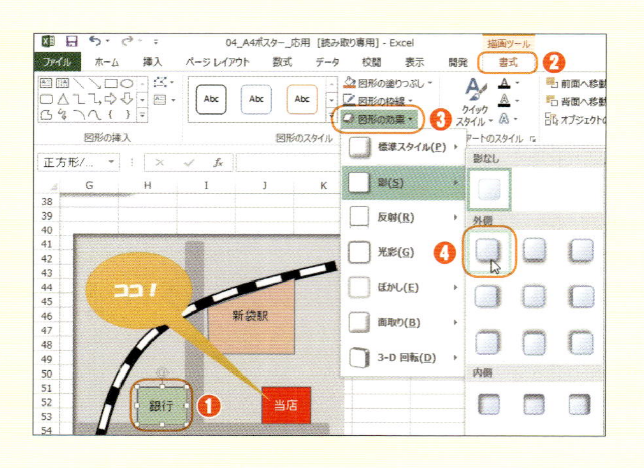

3 図形の外側に影を設定する

地図の建物を表す正方形/長方形をクリックし❶、[描画ツール] の [書式] タブをクリックします❷。[図形のスタイル] グループの [図形の効果] をクリックし❸、[影] から [オフセット (斜め右下)] をクリックします❹。

ここでいう「オフセット」とは、ずれている状態を意味します。

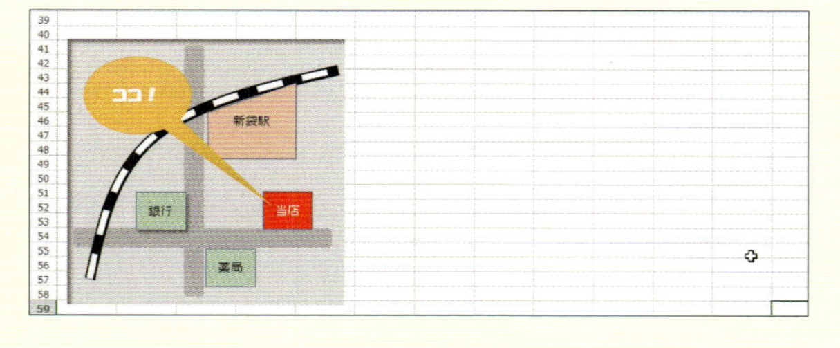

4 図形の外側に影が設定された

選択した正方形/長方形の外側に影が設定されます。

図形を立体的に表示する

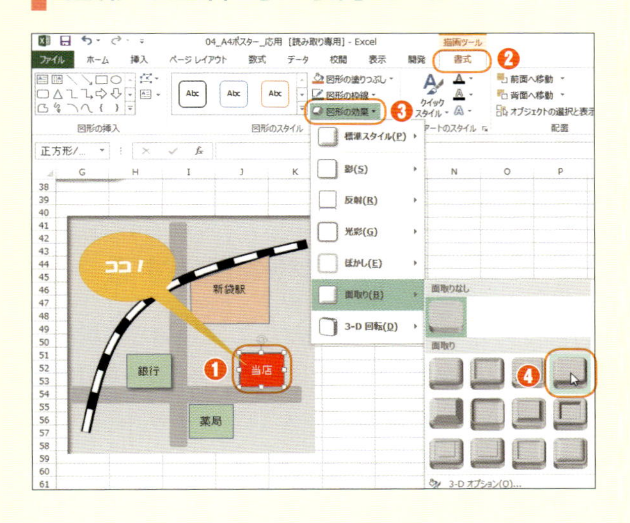

1 図形に面取りを設定する

地図の目的の建物を表す正方形/長方形をクリックし❶、[描画ツール] の [書式] タブをクリックします❷。[図形のスタイル] グループの [図形の効果] をクリックし❸、[面取り] から [クールスラント] をクリックします❹。

「面取り」とは、木材や金属を削り出して「面」を付ける作業から取った機能名で、図形を立体的にする機能を表します。

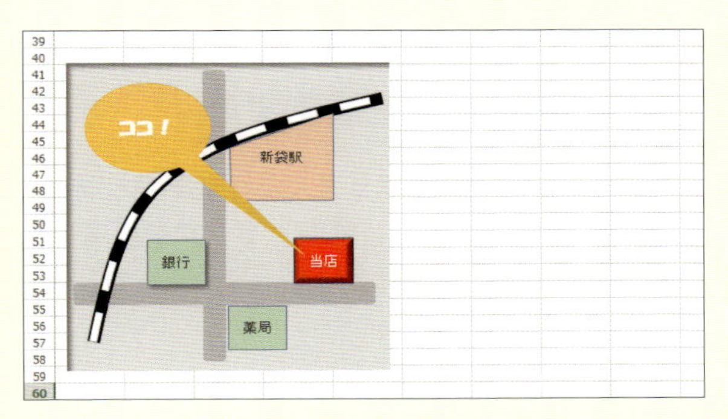

2 図形に立体的な効果が設定された

選択した正方形/長方形に面取りが設定され、立体的に表示されます。

ワンポイントアドバイス

[図形の効果] では、このほかにも [反射] や [光彩]、[ぼかし]、[3-D回転] といった効果を設定できます。いずれもあらかじめ用意された効果の選択肢から選びますが、数値で細かいオプションを設定することも可能です。

たとえば「影」を設定する場合、地図上の目的の建物を表す正方形/長方形を選択した状態で、[描画ツール] の [書式] タブをクリックし、[図形のスタイル] グループの [図形の効果] をクリックして、[影] から [影のオプション] をクリックします。表示される [図形の書式設定] 作業ウィンドウで、[影] の [距離] の数値を大きくすると❶、影の位置が図形から離れ、図形がより高く浮き上がっているように見えます。

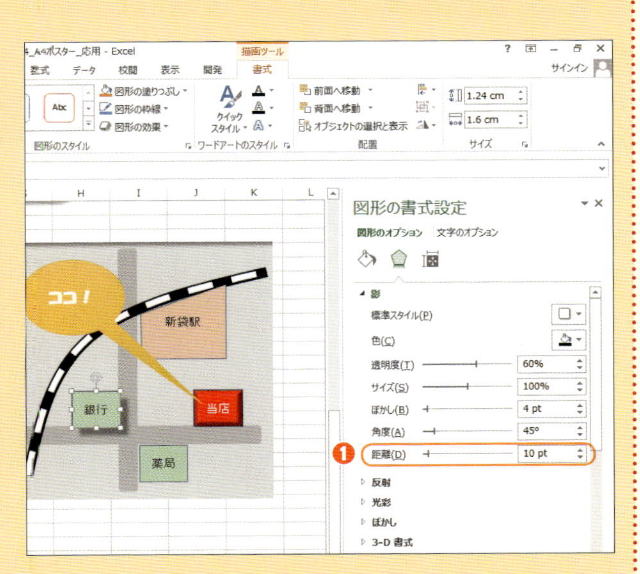

05 テキストボックスの書式を設定する

作例は p.53

テキストボックスに入力された文字列は、セルの文字よりも凝った書式が設定可能です。ここでは、文字間隔と段落の設定を変更します。

文字間隔を設定する

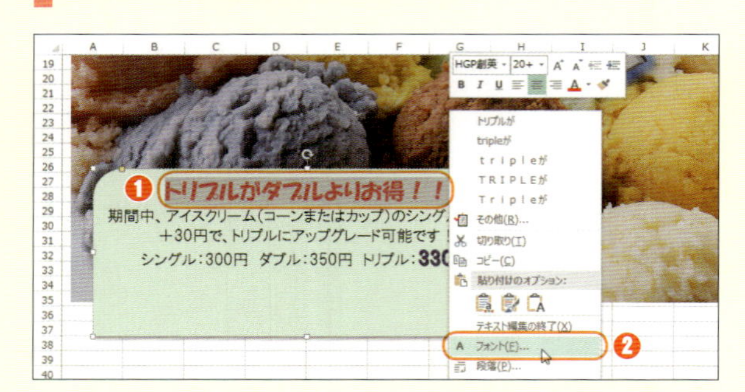

1 文字列のフォントを設定する

「トリプルがダブルよりお得!!」の文字列を選択します❶。右クリックして、ショートカットメニューの［フォント］をクリックします❷。

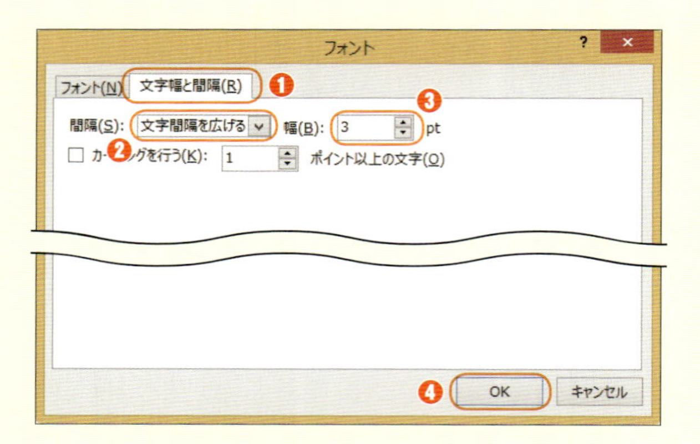

2 文字の間隔を設定する

［フォント］ダイアログボックスの［文字幅と間隔］タブをクリックします❶。［間隔］で［文字間隔を広げる］を選び❷、［幅］として「3」を指定し❸、［OK］をクリックします❹。

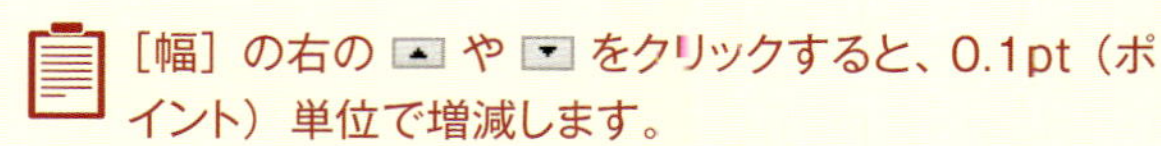
［幅］の右の ▲ や ▼ をクリックすると、0.1pt（ポイント）単位で増減します。

3 文字間隔が広がった

選択範囲の文字列の間隔が広がります。

ワンポイントアドバイス

テキストボックス内の文字の書式に関する設定は、［ホーム］タブの［フォント］グループでも行えますが、このように［フォント］ダイアログボックスの［フォント］タブでも設定可能です。このダイアログボックスでは、英数字用と日本語用で、それぞれ異なるフォントを指定できます。また、「上付き」や「下付き」のスタイルを指定した場合、標準的な文字に対するそれぞれの相対的な位置をパーセント単位で指定することも可能です。

段落の書式を設定する

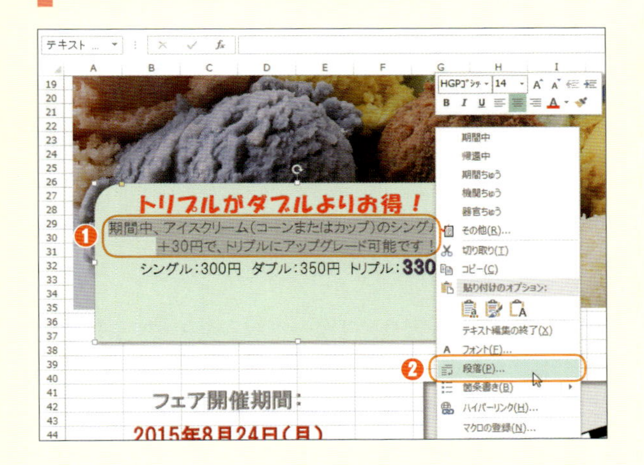

1 段落の書式を設定する

「期間中」で始まる段落を選択します❶。右クリックして、ショートカットメニューの［段落］をクリックします❷。

テキストボックスの文字列を編集している状態で、文字列上で2回クリックすると単語全体、3回クリックすると段落全体が選択されます。

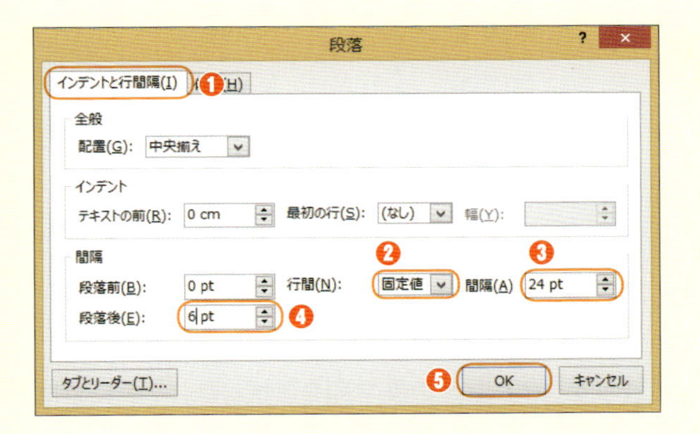

2 行間と次の行との間隔を設定する

［段落］ダイアログボックスの［インデントと行間隔］タブをクリックします❶。［行間］として［固定値］を選び❷、［間隔］で「24pt」を指定します❸。また、［段落後］で「6pt」を指定し❹、［OK］をクリックします❺。

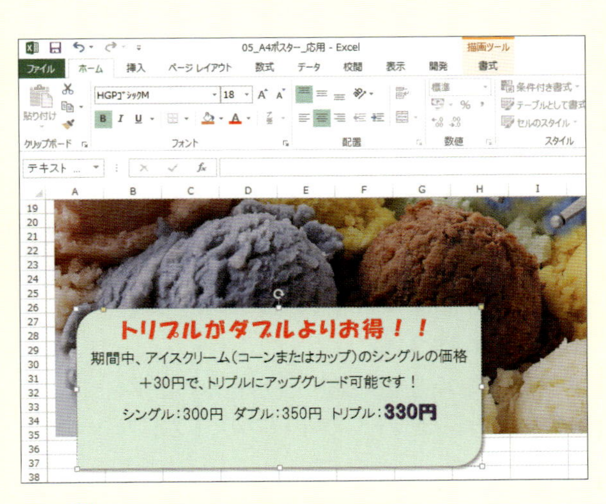

3 段落の書式が設定された

行間が少し広がり、下の段落との間隔も広がります。

ワンポイントアドバイス

テキストボックス内の文字列を選択して右クリックすると、［箇条書き］のスタイルも指定できます。これは、各段落の先頭に「●」などの記号を付け、箇条書きで表示するスタイルです。

グラフの要素の書式を変更する

グラフを構成する各要素は、それぞれに対して、図形と同様の書式を設定することが可能です。具体的には、塗りつぶしの色やフォント、各種の効果などを設定できます。

グラフタイトルを設定する

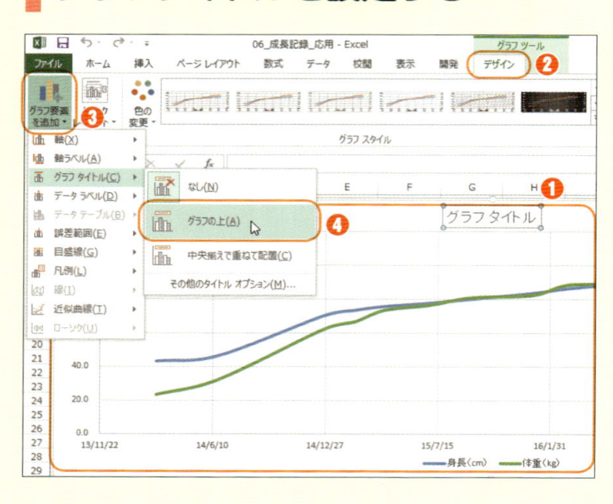

1 グラフタイトルを表示する

グラフをクリックし❶、［グラフツール］の［デザイン］タブをクリックします❷。［グラフのレイアウト］グループの［グラフ要素を追加］をクリックし❸、［グラフタイトル］から［グラフの上］をクリックします❹。

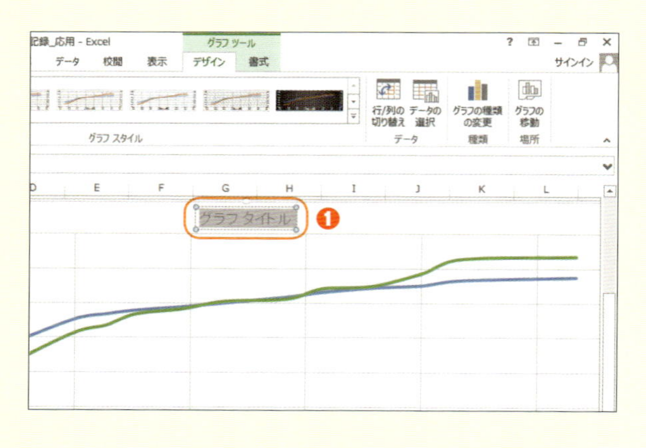

2 グラフタイトルを変更する

「グラフタイトル」の文字列を選択し❶、「成長の軌跡」と入力します。

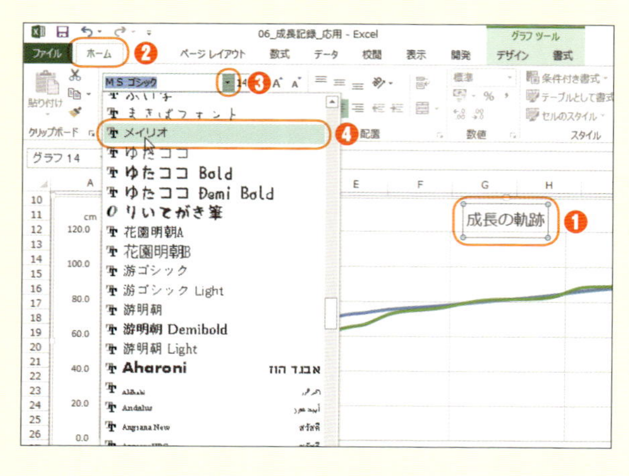

3 グラフタイトルのフォントを変更する

グラフタイトルを選択し❶、［ホーム］タブをクリックします❷。［フォント］グループの［フォント］の ▾ をクリックし❸、［メイリオ］をクリックします❹。

［フォントサイズ］の ▾ をクリックすると、文字のサイズを変更できます。

背景の書式を設定する

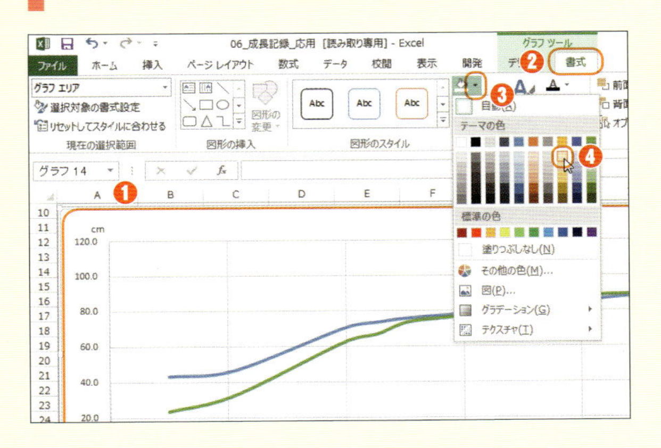

1 グラフエリアの色を変更する

グラフエリアをクリックし❶、［グラフツール］の［書式］タブをクリックします❷。［図形のスタイル］グループの［図形の塗りつぶし］ の をクリックし❸、［ゴールド、アクセント4、白＋基本色80%］をクリックします❹。

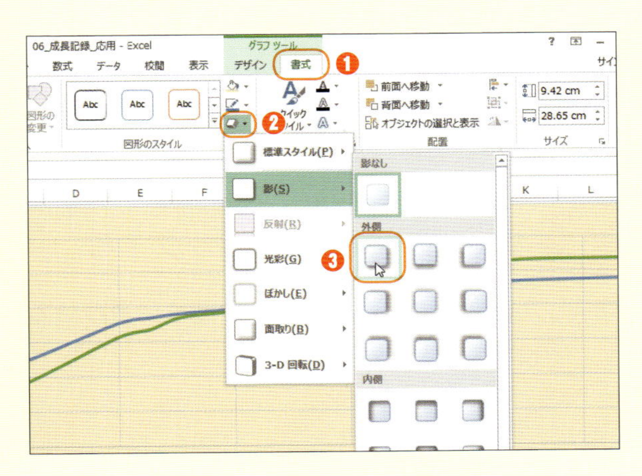

2 グラフエリアに影を設定する

グラフが選択されている状態で、［グラフツール］の［書式］タブをクリックし❶、［図形のスタイル］グループの［図形の効果］ をクリックします❷。［影］から［オフセット（斜め右下）］をクリックします❸。

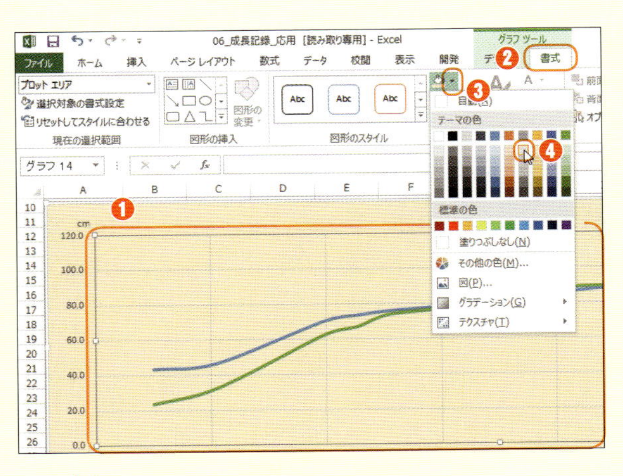

3 プロットエリアの色を変更する

プロットエリアをクリックし❶、［グラフツール］の［書式］タブをクリックします❷。［図形のスタイル］グループの［図形の塗りつぶし］ の をクリックし❸、［50%灰色、アクセント3、白＋基本色80%］をクリックします❹。

「プロットエリア」とは、グラフエリア（グラフ全体）内で、実際に折れ線グラフなどが描画される領域のことです。

ワンポイントアドバイス

プロットエリア、グラフスタイル、凡例など、グラフの要素の一部はドラッグして移動できます。ただし、移動できるのはあくまでもグラフの範囲内のみです。

フォームコントロールを利用する

「フォームコントロール」を利用すると、ボタンやリストなどを操作してデータを入力できるようになります。セルとリンクすることで、その操作の結果をセルに反映できます。

フォームコントロールを作成する

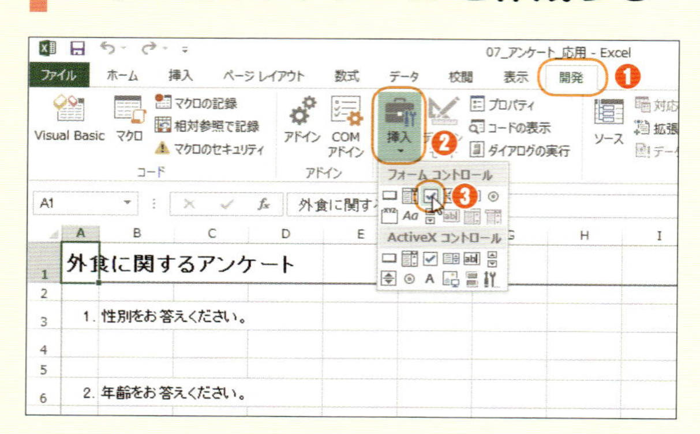

1 チェックボックスを作成する

「アンケート」シートを表示し、［開発］タブをクリックします❶。［コントロール］グループの［挿入］をクリックし❷、［フォームコントロール］の［チェックボックス］をクリックします❸。

［開発］タブが表示されていない場合は、p.14を参照して表示させてください。

2 ワークシート上をドラッグする

作成したいコントロールの位置と大きさに合わせてワークシート上をドラッグします❶。

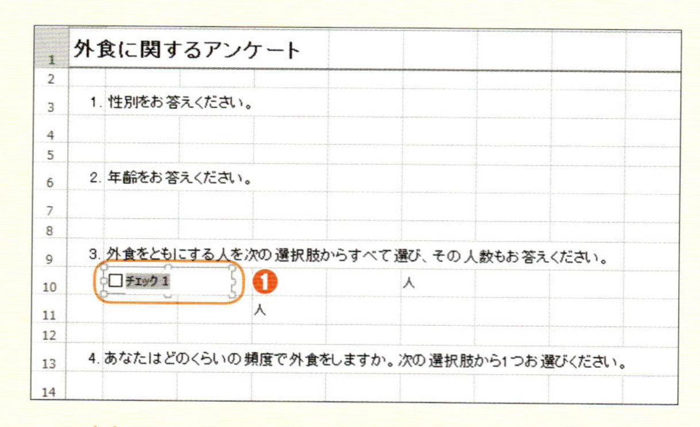

3 チェックボックスの文字列を入力する

作成したチェックボックスの「チェック○」などの文字列を選択し❶、「恋人・パートナー」と入力します。

ワンポイントアドバイス

ここでは、ドラッグでサイズを指定して、チェックボックスを作成しています。ドラッグではなく任意の位置をクリックすると、その位置を左上端として、一定サイズのチェックボックスが作成されます。このような作成手順は、ほかのフォームコントロールについても同様です。

セルにリンクする

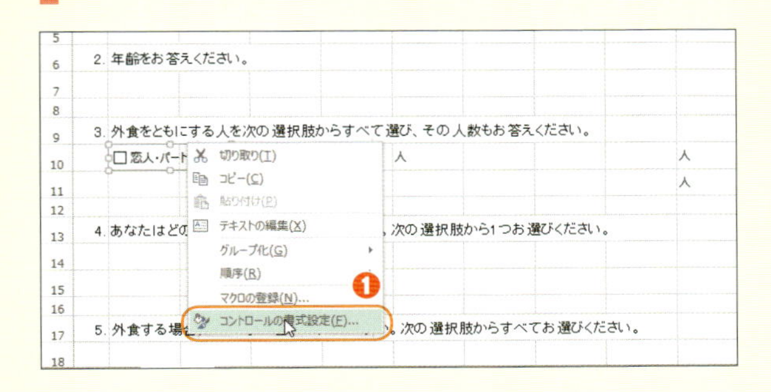

1 コントロールの書式を設定する

作成したチェックボックスを右クリックし、ショートカットメニューの［コントロールの書式設定］をクリックします❶。

2 リンクするセルを指定する

［コントロールの書式設定］ダイアログボックスの［コントロール］タブをクリックし❶、［リンクするセル］欄に「$L$10」と入力して❷、［OK］をクリックします❸。

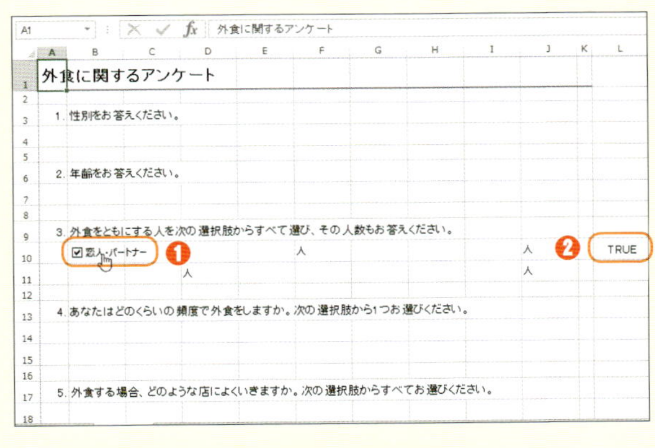

3 コントロールの値がセルにリンクされた

チェックボックスをクリックしてオン／オフを切り替えると❶、［L10］セルの値が「TRUE」または「FALSE」に変更されます❷。

セルにリンクすることで、コントロールの状態とセルの値が連動します。このセルの値を、数式などでさらに利用することが可能です。

ワンポイントアドバイス

コンボボックスやリストボックスのように選択肢を表示し、その中から1つを選ぶようなコントロールの場合、［コントロールの書式設定］ダイアログボックスの［コントロール］タブで、［入力範囲］欄にセル範囲を指定することで、そのセル範囲に入力されたデータを選択肢として表示できます。

オプションボタンを強制的にオフにする

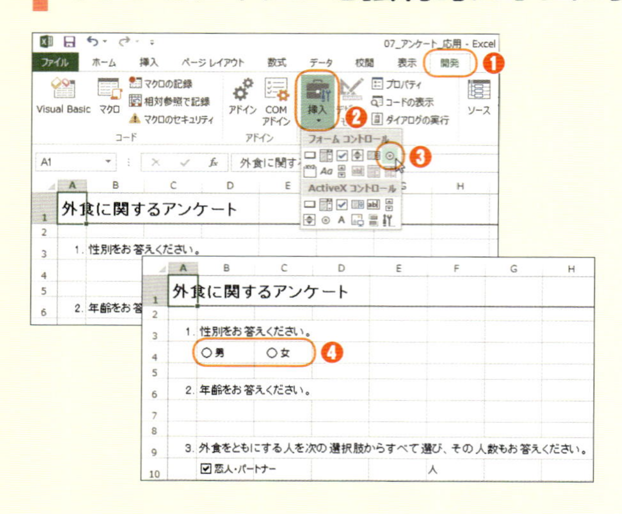

1 オプションボタンを2つ作成する

［開発］タブをクリックし❶、［コントロール］グループの［挿入］をクリックします❷。［フォームコントロール］の［オプションボタン］をクリックし❸、作成したいオプションボタンの位置と大きさに合わせて、ワークシート上をドラッグします。オプションボタンを2つ作成し、それぞれの文字列を選択して「男」「女」と入力します❹。

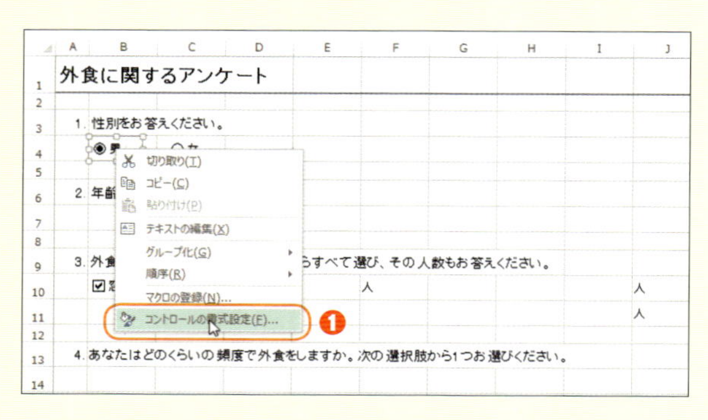

2 コントロールの書式を設定する

オンになっているほうのオプションボタンを右クリックして、ショートカットメニューの［コントロールの書式設定］をクリックします❶。

2つあるオプションボタンの一方をクリックするとオンの状態になり、もう一方はオフになります。つまり、オプションボタンは一方が必ずオンになるので、ここでは強制的にオフにします。

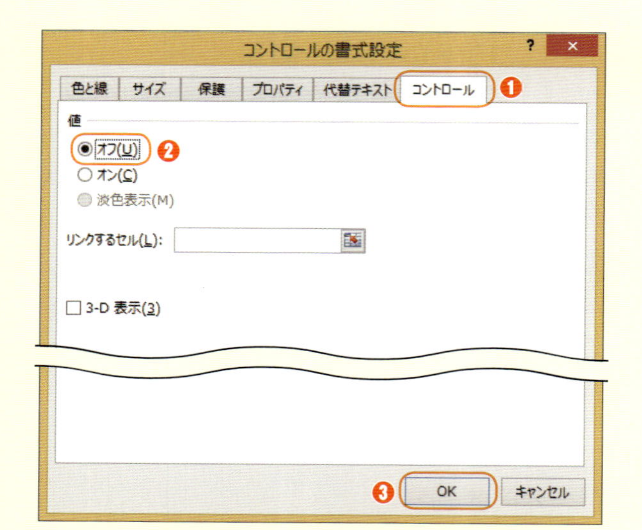

3 オプションボタンをオフにする

［コントロールの書式設定］ダイアログボックスの［コントロール］タブをクリックします❶。［値］の［オフ］をクリックし❷、［OK］をクリックします❸。

印刷したアンケート用紙に手書きで解答を記入してもらう場合などは、すべてのオプションボタンをオフにしておくと便利です。

ワンポイントアドバイス

オプションボタンの値をセルにリンクすると（p.121参照）、選択されたオプションボタンの番号がそのセルに表示されます。このセルに「0」を入力することでも、すべてのオプションボタンをオフにできます。

オプションボタンをグループ化する

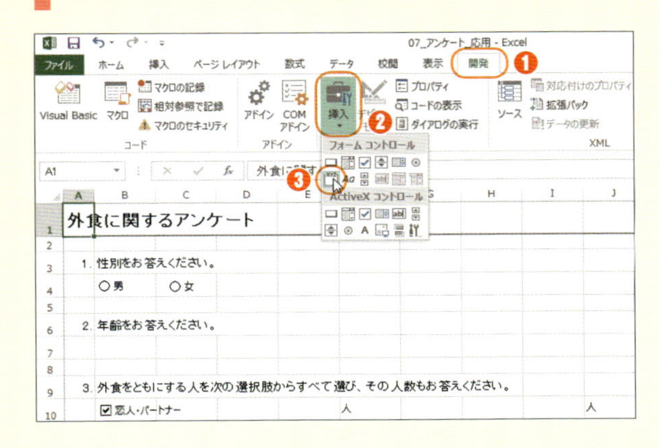

1 グループボックスを作成する

［開発］タブをクリックし❶、［コントロール］グループの［挿入］をクリックして❷、［フォームコントロール］の［グループボックス］をクリックします❸。

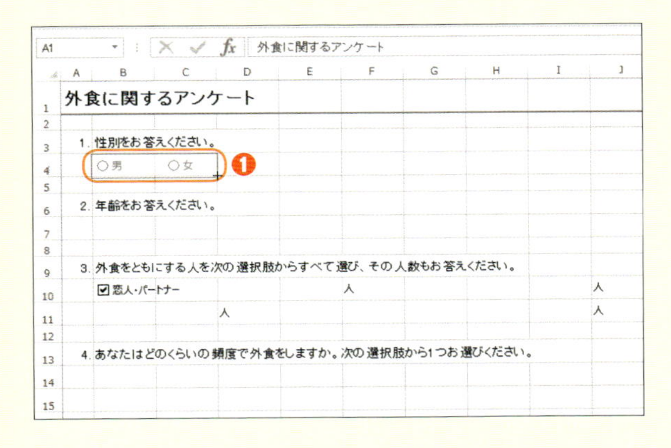

2 ワークシート上をドラッグする

先に作成した2つのオプションボタンを囲むようにドラッグします❶。

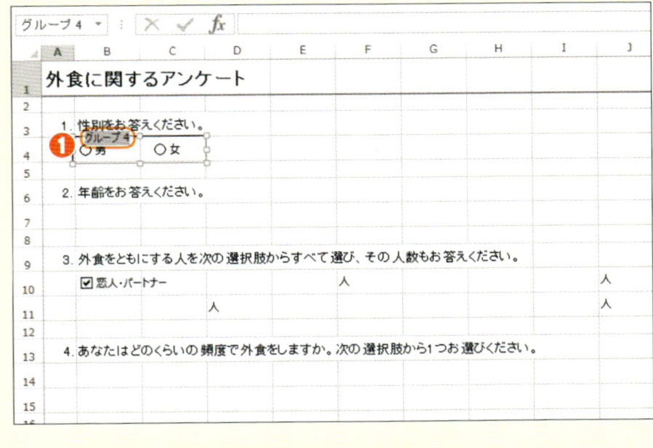

3 グループボックスの文字を消す

「グループ○」のように表示される文字はレイアウト的には不要なので、選択して❶、Deleteキーを押して削除します。

ワンポイントアドバイス

1つのワークシート上にオプションボタンを複数作成すると、その中の1つだけがオンになります。オプションボタンをいくつかにグループ分けして、それぞれのグループごとにオンのボタンを1つずつつくりたい場合は、各グループをグループボックスで囲みます。なお、この操作は図形の「グループ化」とは異なり、グループに含まれる各コントロールに対して、まとめて移動するなどの操作を行えるわけではありません。また、図形と同様の「グループ化」を各コントロールに対して行うことも可能ですが、この場合はまとめて操作できるようになるだけで、オン／オフなどのグループ分けは行われません。

1ページに収めて印刷する

印刷したとき用紙に収まらない場合、3通りの対処方法があります。余白を調整する方法、縮小率を直接指定する方法、自動的に用紙に収まる縮小率で印刷する方法の3つです。

余白を設定する

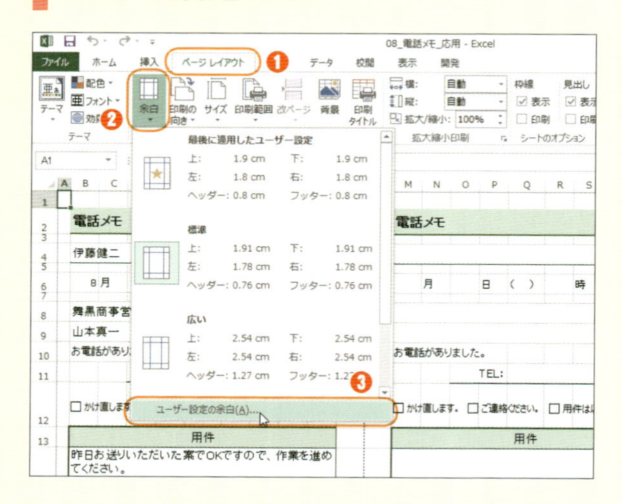

1 上下左右の余白を設定する

［ページレイアウト］タブをクリックし❶、［ページ設定］グループの［余白］をクリックして❷、［ユーザー設定の余白］をクリックします❸。

ここで、［標準］、［広い］、［狭い］などの余白を選択することもできます。

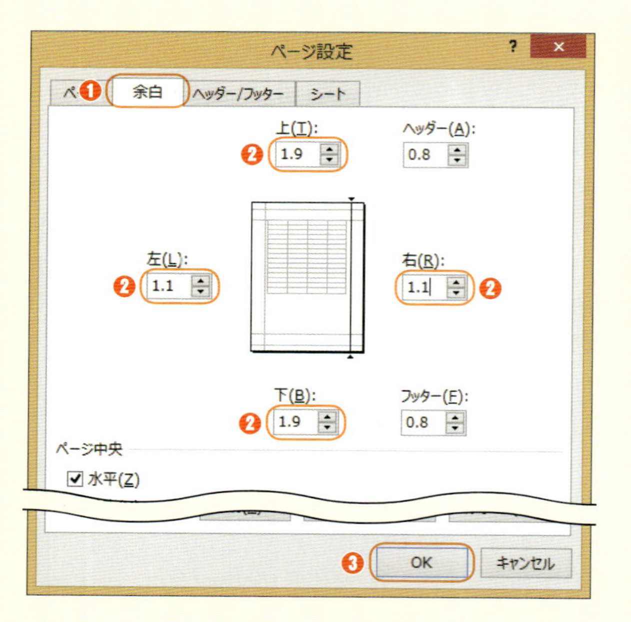

2 余白を数値で指定する

［ページ設定］ダイアログボックスの［余白］タブをクリックし❶、［上］［下］［左］［右］の余白をそれぞれ調節して❷、［OK］をクリックします❸。

ワークシートに作成された書類が大きくて1ページに収まりきらない場合は、まず余白を小さくして調整します。それでも収まらない場合は、次に紹介する縮小印刷などの方法を利用します。

印刷の倍率を小さくする

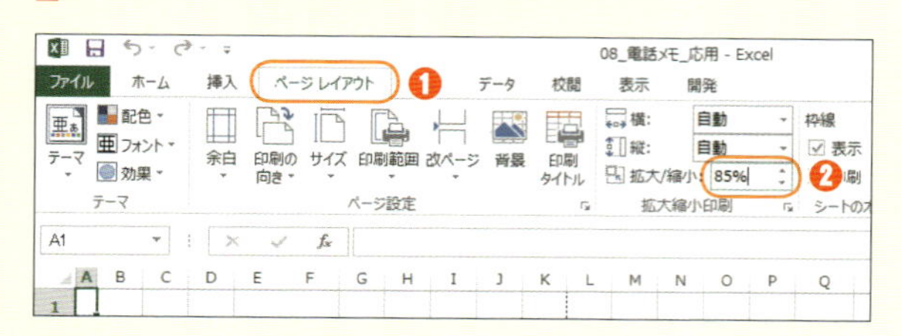

1 印刷倍率を指定する

［ページレイアウト］タブをクリックし❶、［拡大縮小印刷］グループの［拡大/縮小］欄で印刷倍率を指定します❷。

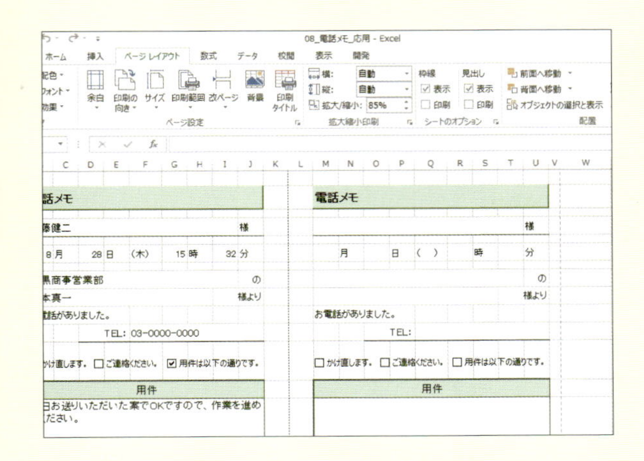

2 印刷される範囲が広がる

印刷倍率を小さくすると、印刷されるページの区切りを表す点線の範囲が広くなります。

ページに収まるように縮小印刷する

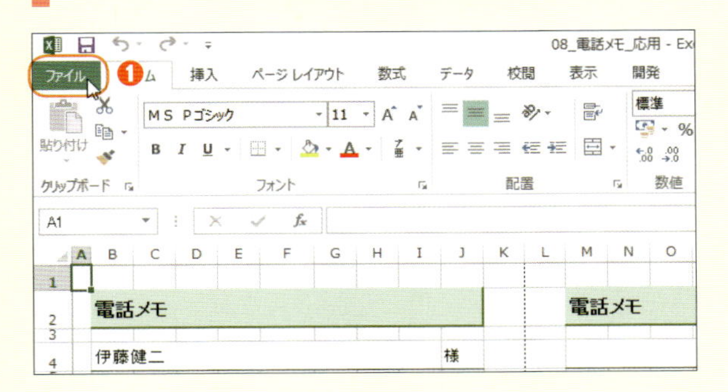

1 ［ファイル］タブを開く

［ファイル］タブをクリックします❶。

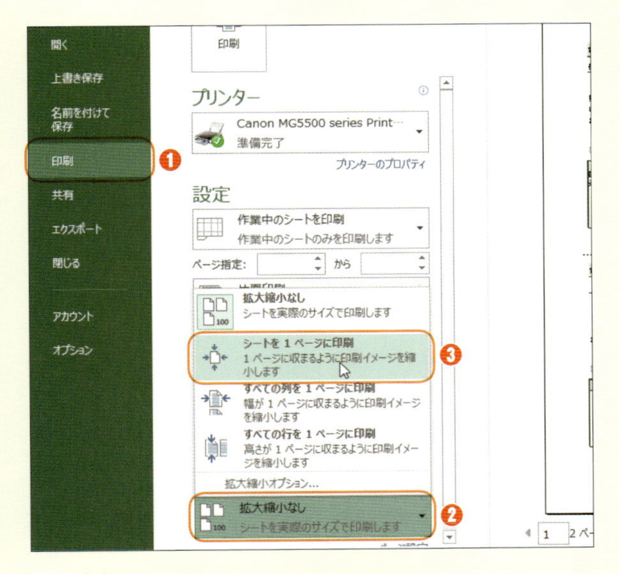

2 拡大縮小印刷を設定する

［印刷］をクリックし❶、［拡大縮小なし］をクリックして❷、［シートを1ページに印刷］をクリックします❸。

ワンポイントアドバイス

［シートを1ページに印刷］をクリックすると、作成した書類の範囲全体がページに収まるように、自動的に縮小されて印刷されます。また、すべての列が1ページの幅に収まるように縮小印刷するには［すべての列を1ページに印刷］を、すべての行が1ページの高さに収まるように縮小印刷するには［すべての行を1ページに印刷］をクリックします。

索引

■数字・アルファベット

■あ行

■か行

■さ行

■た行

■な行

■は行

■ま行

■や行

■ら行

■わ行

著者紹介

土屋和人（つちやかずひと）
フリーライター／編集者。ExcelやVBAに関する著書多数。著書に『最速攻略Wordマクロ/VBA徹底入門』（技術評論社）、『Excel関数パーフェクトマスター』『Excel VBAパーフェクトマスター』（秀和システム）、『すぐわかるSUPER Excel配列マジックを極める』（アスキー・メディアワークス）などがある。

■編集／CD-ROM作成　株式会社エディポック
■カバーデザイン　Kuwa Design
■カバー立体イラスト　長谷部真美子
■カバー写真撮影　広路和夫
■本文デザイン／DTP　株式会社エディポック
■担当　田村佳則

実例満載
Excelでできる定番書類のつくり方

2015年3月5日　初版　第1刷発行

著　者　土屋　和人
発行者　片岡　巌
発行所　株式会社技術評論社
東京都新宿区市谷左内町21-13
電話　03-3513-6150　販売促進部
03-3513-6160　書籍編集部
印刷／製本　株式会社加藤文明社

定価はカバーに表示してあります。

ISBN978-4-7741-7146-3　C3055
Printed in Japan

お問い合わせについて

本書に関するご質問については、本書に記載されている内容に関するもののみとさせていただきます。本書の内容と関係のないご質問につきましては、一切お答えできませんので、あらかじめご了承ください。また、電話でのご質問は受け付けておりませんので、必ずFAXか書面にて下記までお送りください。なお、ご質問の際には、必ず以下の項目を明記していただきますようお願いいたします。

1　お名前
2　返信先の住所またはFAX番号
3　書名
（実例満載 Excelでできる 定番書類のつくり方）
4　本書の該当ページ
5　ご使用のOSとExcelのバージョン
6　ご質問内容

お送りいただいたご質問には、できる限り迅速にお答えできるよう努力いたしておりますが、場合によってはお答えするまでに時間がかかることがあります。また、回答の期日をご指定なさっても、ご希望にお応えできるとは限りません。あらかじめご了承くださいますよう、お願いいたします。ご質問の際に記載いただいた個人情報はご質問の返答以外の目的以外には使用いたしません。また、返答後はすみやかに破棄させていただきます。

お問い合わせ先

〒162-0846
東京都新宿区市谷左内町21-13
株式会社技術評論社　書籍編集部
「実例満載 Excelでできる 定番書類のつくり方」質問係
FAX番号　03-3513-6167

URL：http://book.gihyo.jp/

お問い合わせの例

FAX

1　お名前
技評　太郎

2　返信先の住所またはFAX番号
03-XXXX-XXXX

3　書名
実例満載 Excelでできる 定番書類のつくり方

4　本書の該当ページ
94ページ

5　ご使用のOSとExcelのバージョン
Windows 8.1
Excel 2013

6　ご質問内容
ワークシートを複製できない